実践的SQC（統計的品質管理）入門講座 2

実験計画法

棟近 雅彦 監修
安井 清一 著

日科技連

監修者のことば

　2年ぐらい前に，日科技連出版社の方から，新しいSQC（統計的品質管理）のシリーズを出版したいというお話しをいただいた．監修者自身は，もう20年以上前になるが，日本科学技術連盟で行っている品質管理技術者のためのベーシックコースというセミナーのテキストを大改訂することになり，「データのとり方・まとめ方」と「管理図」という2冊のテキストを執筆したことがある．ちょうど前職から現職に異動したときで，研究室も新たに立ち上げなければならず，新たな仕事が盆と正月のようにやってきて，てんやわんやだったことをよく覚えている．この2冊で，QC七つ道具をすべてカバーしていた．その後，これらのテキストをもとに，JUSE-StatWorksによる品質管理入門シリーズを著すことができた．

　SQCに関する書籍は，当時も既に多くのものが刊行されており，今さら書いて意味があるのか，と思ったりもした．しかし，今思えば，自身の大学での講義に大いに役に立ったし，既に理論的には確立された手法の説明にいかにオリジナリティを出せばよいかについて，考えることができるのは貴重な経験であった．

　当時は忙しいといっても新米の大学教員であったので，それなりに時間をかけてこれらの書籍を執筆することができた．現在は，文章能力は当時より上がっているつもりだが，何せかけられる時間が少ないので，残念ながら最近書いた文章よりは，よくできていると感じる．

　このような私の経験から，本シリーズは，当時の私ぐらいの年代の，次世代を担う若手のSQCを専門とする方々に執筆いただこうと考えた．企画会議を何回かもち，初学者向けのやさしいテキストとすることを決めた．各巻の内容をどうするかは，基本的に執筆者の方々にお任せした．監修者といってもほと

んど何もせず，原稿が上がってきたら大きな誤りがないかを確認したに過ぎない．一点だけ企画会議からずっとお願いしたのは，事例を充実させてわかりやすく書いてほしい，ということである．本シリーズで取り上げるのは，理論的には成熟したものであり，説明と事例でオリジナリティを出すしかない．わかりやすい説明と事例は，今後執筆者の方々が，さまざまな機会で講義を行うときに，もっとも大切にすべきことと考えているからである．初学者の方々にとって，有用な参考書になると期待している．

　本書の出版の機会を与えていただき，本書の出版において多くのご尽力をいただいた日科技連出版社の戸羽節文氏，鈴木兄宏氏，田中延志氏には，感謝申し上げたい．また，20年前の私の世代といっても，現在ははるかに忙しい状況であるにもかかわらず，丁寧に執筆していただいた梶原千里先生(早稲田大学)，金子雅明先生(東海大学)，川村大伸先生(筑波大学)，佐野雅隆先生(東京理科大学)，安井清一先生(東京理科大学)には厚く御礼申し上げたい．

2015年3月

早稲田大学教授　棟近雅彦

まえがき

　統計的品質管理(SQC：Statistical Quality Control)に関する書籍は，すでに多数出版されている．本書の内容である実験計画法は，SQCにおいて重要な手法の一つであることから，実験計画法に関する書籍も紹介するのに苦労しないほどである．そのなかで，本シリーズの特徴は豊富な事例，わかりやすい説明というものになった．本シリーズでは，最低限の理論は説明するものの，事例の解析例を示しながら，手法を適用する目的，適用方法とその際の留意事項，得られた結果の解釈方法などに重点を置くことによって，SQCに初めて取り組む方々にも，理解しやすい内容になることを目指している．

　実験計画法は効率的に，精度よく結果を導くための実験と解析を扱う分野である．実験には誤差がつきものなので，実験データを統計学にもとづいて解析する．そのため，実験計画法は統計学の一分野でもあり，実験データの統計解析に力点が置かれているものは多数ある．本シリーズは入門的かつ実践的な内容を目指しているため，あえて統計学による精密な説明をなるべく避け，手法そのものや解析の過程で出てくる計算の意味の解説に重点を置いた．また，実験計画法にもとづいて実際に実験を行う際の留意事項や，各手法の実践的な意味にも配慮した．また，一貫して紙ヘリコプターの例で説明することにより，各手法間の関係や実験計画法全体の運用について意識できるようにしている．各章の最後に，SQCの実践イメージが湧くように，紙ヘリコプター以外の解析例を紹介している．

　本書はこれまでのテキストと比較すると違和感のあるものかもしれない．数式を用いた統計学的な説明は一般的であり，解析，特に計算方法が複雑に見える．しかし，複雑な計算式も，その意味は常識的である．本書はその常識的な意味を読者に伝えたく，実験計画法をより身近なものなるように，一風，変わった説明になっていると思う．

　実験計画法は製品開発やプロセス改善など，SQCにおける強力な手段の一

つである．QC 七つ道具よりは難しい手法であることは認めるが，近寄り難いものではないことを本書から感じ取り，SQC 実践の一助となれば幸いである．

　本書を執筆するにあたり，出版を企画してくださり，多大なご尽力をいただいた日科技連出版社の戸羽節文氏，鈴木兄宏氏，田中延志氏には，大変お世話になった．原稿がなかなか進まず，ご迷惑とご心配を何度もおかけしたにもかかわらず，出版まで辿りつけたのは迅速で正確な対応のおかげである．この場をお借りしてお詫びと御礼を申し上げたい．また，本書の執筆の機会を与えていただき，執筆の過程で有益なご指摘，ご助言をいただいた監修者の棟近雅彦先生(早稲田大学)にも，心より厚く御礼申し上げる．本書の企画，構成に関してご助言をいただいた金子雅明先生(東海大学)，川村大伸先生(筑波大学)，梶原千里先生(早稲田大学)，佐野雅隆先生(東京理科大学)にも感謝の意を表したい．

2015 年 6 月

安井　清一

実験計画法
目　次

監修者のことば　*iii*
まえがき　*v*

第1章　実験計画法をはじめるにあたって ────── *1*
1.1　実験計画法における実験 …………………………………… *1*
1.2　実験誤差への配慮 …………………………………………… *4*
1.3　実験計画法とは ……………………………………………… *5*
1.4　紙ヘリコプター実験 ………………………………………… *5*

第2章　1つの因子の影響を見るための実験（1元配置）── *7*
2.1　はじめに ……………………………………………………… *7*
2.2　実験計画法による実験 …………………………………… *11*
　2.2.1　因子と水準，実験の繰返し ………………………… *11*
　2.2.2　実験順序の決定 ……………………………………… *12*
2.3　実験データの解析 ………………………………………… *13*
　2.3.1　直観的な分析 ………………………………………… *13*
　2.3.2　統計学にもとづく解析 ……………………………… *14*
　2.3.3　データの構造と効果 ………………………………… *18*
2.4　実験データの分析 ………………………………………… *21*
　2.4.1　データのグラフ化 …………………………………… *21*
　2.4.2　羽の長さ（因子 A）の効果の分析 ………………… *24*
　2.4.3　最適水準の選択 ……………………………………… *29*
2.5　1元配置の解析手順 ……………………………………… *31*

2.6 分散分析とは ……………………………………………………… 37
2.7 1元配置の実際 …………………………………………………… 38
2.8 1元配置のその他の例 …………………………………………… 39

第3章 実験が複数日にわたってしまう場合の工夫(乱塊法) ——45

3.1 はじめに …………………………………………………………… 45
3.2 実験順序の工夫 …………………………………………………… 45
3.3 実験データの解析 ………………………………………………… 47
 3.3.1 データのグラフ化 ……………………………………………… 47
 3.3.2 因子 A の効果を検証する前に ………………………………… 49
 3.3.3 因子 A の効果の検証 ………………………………………… 51
3.4 最適水準の選択 …………………………………………………… 57
3.5 その他の例 ………………………………………………………… 58
3.6 乱塊法の解析手順 ………………………………………………… 61
3.7 数 値 例 …………………………………………………………… 65

第4章 2つの因子の影響を見るための実験(2元配置) ——71

4.1 はじめに …………………………………………………………… 71
4.2 2元配置による実験 ……………………………………………… 71
 4.2.1 実験に取り上げる因子と水準 ………………………………… 71
 4.2.2 全組合せの実験と交互作用 …………………………………… 72
 4.2.3 主効果と2因子交互作用効果 ………………………………… 74
 4.2.4 実験の進め方 …………………………………………………… 77
 4.2.5 解析の概要 ……………………………………………………… 78
4.3 実験データの解析 ………………………………………………… 79
 4.3.1 データのグラフ化 ……………………………………………… 79
 4.3.2 主効果,および,2因子交互作用の解析 …………………… 81
4.4 最適水準の選択 …………………………………………………… 87

4.4.1　2因子交互作用が有意である場合 ……………………… 87
　4.4.2　2因子交互作用が有意でない場合 ……………………… 89
4.5　2元配置分析の手順 …………………………………………… 91
4.6　その他の例 ……………………………………………………… 98

第5章　多くの因子の影響を見るための実験（2水準直交表実験）—105

5.1　はじめに ………………………………………………………… 105
5.2　実験に取り上げる因子と水準，繰返し ……………………… 105
5.3　全組合せによる実験とその解析能力 ………………………… 107
5.4　2水準直交表$L_{16}(2^{15})$による実験 ………………………………… 109
　5.4.1　2水準直交表$L_{16}(2^{15})$と実験のやり方 …………………… 110
　5.4.2　実験データの解析（分散分析）………………………… 114
5.5　プーリング ……………………………………………………… 122
5.6　最適水準の選択 ………………………………………………… 124
5.7　線点図 …………………………………………………………… 127
5.8　2水準直交表の種類 …………………………………………… 130
5.9　2水準直交表実験の解析手順 ………………………………… 130
5.10　要因効果についての経験則 ………………………………… 135
5.11　その他の例 …………………………………………………… 136

第6章　多くの因子の影響を見たいが詳しくも見たい実験（3水準直交表実験）—147

6.1　はじめに ………………………………………………………… 147
6.2　実験に取り上げる因子と水準，解析したい交互作用 ……… 148
6.3　因子の割付け …………………………………………………… 149
6.4　実験データの解析 ……………………………………………… 153
6.5　最適水準の選択 ………………………………………………… 163
6.6　3水準直交表実験の解析手順 ………………………………… 164

6.7 その他の例 ………………………………………………………… 168

第7章 枝分れ実験 ――――――――――――――――― 177
7.1 はじめに ………………………………………………………… 177
7.2 実験誤差の中身 ………………………………………………… 178
7.3 枝分れ実験 ……………………………………………………… 179
7.4 誤差の大きさの分析 …………………………………………… 182
   7.4.1 測定誤差の平方和 ………………………………………… 182
   7.4.2 ある作業者が作成した紙ヘリコプターの誤差の平方和 ……… 183
   7.4.3 作業者による誤差の平方和 ……………………………… 184
   7.4.4 分散分析表 ………………………………………………… 185
   7.4.5 誤差の大きさの推定 ……………………………………… 186
7.5 枝分れ実験解析手順(3段の場合) …………………………… 188
7.6 その他の例 ……………………………………………………… 191

付　表 ――――――――――――――――――――――― 197
付　録 ――――――――――――――――――――――― 205

参 考 文 献 …………………………………………………………… 211
索　　引 ……………………………………………………………… 213

第1章
実験計画法をはじめるにあたって

1.1 実験計画法における実験

　実験と聞くと，学生時代に行った物理学や化学の実験を思い出す．最初にやった実験は，バネの伸びとおもりの重さとの関係(フックの法則)を調べる実験だったような気がする．おもりをバネに付けてはバネの伸びを読み，また付けては読むという作業を繰り返して，データを集めた．そのデータをグラフ用紙にプロットして，バネの伸びとおもりの重さは比例することを確認する．そして，データの真ん中を通るような直線を引いてみる．このような実験は，すでにある理論を確かめるタイプの実験である．

　一方，ふっくらとおいしいパンを焼くのに，何度で何分間焼けばよいか，180℃，190℃，200℃，210℃と設定を変えて，20分，25分，30分とやってみるタイプの実験も存在する．これはあまり実験とはいわないが，本書で扱う実験はこちらのタイプである．さらに，パンのおいしさに影響を与える要因を考えると，焼き温度，焼き時間だけでなく，小麦粉の種類，水の量，食塩の量，混ぜ方，発酵温度，発酵時間，など挙げるとキリがないだろう．このように実験したい要因が多い状況下で，おいしいパンのレシピを見つけるためにはどのようにすればよいだろうか．実験計画法は，統計学にもとづいて，このような問題にアプローチするのである．

　ところで，上の焼き具合の実験において，どのように行えばよいであろうか．次の2つの方法を比較してみよう．

【方法 1】
　まず，焼き時間を 20 分と設定して，最適な焼き温度を見つけ，次に，最適な焼き温度に対して最適な焼き時間を見つける．

【方法 2】
　焼き時間と焼き温度の全組合せを実験して最適な焼き温度と焼き時間を見つける．

　方法 1 の実験回数は焼き温度(180 ℃，190 ℃，200 ℃，210 ℃)の実験で 4 回，焼き時間(25 分，30 分)の実験で 2 回なので計 6 回である．方法 2 の実験回数は，4 × 3 = 12 回である．一見，実験回数が少ない方法 1 のほうがよいと思われるが，実験計画法は方法 2 のほうがよいと教えてくれる．なぜなら，もし焼き具合の真の状態が図 1.1 のようになっていれば，方法 1 で最適な組合せが見つけられるが，焼き具合の真の状態が図 1.2 のようになっていたとすれば，方法 1 では，本当に最適な組合せを見つけられないからである．例えば，焼き時間を 20 分に固定し，焼き温度を変化させると，図 1.2 が真の状態の場合，最適な焼き温度は 210℃である．次に 210℃に固定して，焼き時間を変化させると，最適な焼き時間は 20 分であることがわかる．しかし，焼き時間 20 分，

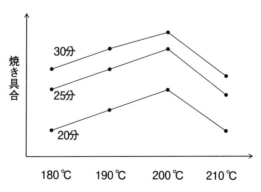

図 1.1　焼き具合の真の状態(方法 1 で見つけられるケース)

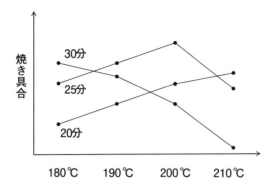

図 1.2 焼き具合の真の状態(方法1では見つけられないケース)

焼き温度 210℃ という組合せは最適ではない(最適なのは 200℃,30分).

方法2の実験は,繰返しのない2元配置とよばれる.さらに,実験計画法は,

「すべての組合せに加えて,繰返しも行う実験」

を推奨してくる.繰返しとは,焼き温度と焼き時間の同じ組合せを複数回実験するということである.なぜなら,繰返しを行えば,焼き具合の真の状態が,図1.1のようになっているか図1.2のようになっているかを,統計学によって検証できるからである.この検証は後々の解析や実験などに影響を与えるから重要である.また,統計学による検証が必要な理由は,実際には焼き具合の真の状態などわからず,実験誤差があるデータから推測するしかないからである.

このように全組合せと繰返しを行う実験が重要であることはわかるが,いつでもそうであろうか.焼き温度,焼き時間だけでなく,小麦粉の種類,水の量,食塩の量,混ぜ方,発酵温度,発酵時間,など多くの因子を取り上げ,おいしいパンのレシピづくりをするため実験を行うのであれば,いったい何回実験を行えばよいのであろうか.例えば,焼き温度,焼き時間,小麦粉の種類,水の量,混ぜ方,発酵温度,発酵時間のそれぞれについて2通りを全組合せ,さらに2回繰返す実験を行うとすると,$(2 \times 2 \times 2 \times 2 \times 2 \times 2 \times 2) \times 2 = 2^8 = 256$ 回も実験しなければならない.いつになったら終わるのかわからない.そ

のうち嫌になって作業が雑になり，それが出来映えに影響するだろう．逆に，慣れてきてうまくなり，それが影響するかもしれない．また，これほど回数が多くなると，コストがかかりすぎて実際にはできない．実験回数が多すぎるのも，さまざまな問題を生じさせる．そのようなときにはどうすればよいだろうか．多くの因子を取り上げた場合，繰返しのある2元配置のように全組合せ・繰返しを行えば，最も詳細な解析結果が得られるが，現実的には詳細すぎて不必要な情報も含まれる．そのような情報を捨てる代わりに，実験回数を減らす方法も，実験計画法は提供してくれる．実験回数を減らすということは256通りの組合せのうち，ある一部分の組合せだけを実験するということである．適当にある一部分を選んできたのでは，うまく情報を捨てられない．適切に情報を捨てるために，どの一部分だけを実験すればよいかを教えてくれる直交表 (直交配列表) というものを用いればよいのである．

1.2 実験誤差への配慮

　実験には誤差がつきものである．すなわち，複数回，同じ焼き温度，焼き時間で実験したとしても，実験データは異なるのである．実験誤差を生じる原因は，測定誤差を筆頭に，オーブンの実際の温度の違い，生地の状態の違い，室温，湿度，…さまざまに考えられる．したがって，実験誤差を考慮したうえで，実験データを解釈し，最適な組合せを考える必要がある．

　「実験誤差を少なくし，実験データの公平な比較ができるように，実験条件はできる限り同じにせよ」と学生時代に教わる．公平な比較とは，例えば，焼き温度が180℃と200℃の場合を比較するときに，パンの出来映えが焼き温度以外の要因の影響がない状態で比較する，ということである．したがって，焼き温度以外のものは同じでなければならないわけである．しかし，実際にはコストや時間の制約などで限界がある．特に，1回の実験に時間がかかる場合は，全実験を終えるまでに複数日かかるので，室温，温度の影響は受けやすい．そこで，ある程度は実験条件の違いを許容したうえで，公平な比較を行うためにはどのようにすればよいであろうか．実験計画法では，実験の順序を工夫し，

統計学にもとづいて分析すればよいのである，と教える．その実験の順序とは，基本的には，「ランダムな順に行う」ということである．また，どうしても実験が複数日にわたる場合には，1日に一揃いの実験をランダムな順に行い，それを複数日にわたって繰返すというものもある．これは乱塊法とよばれている．

また，ランダムな順に実験を行うことで，実験誤差は確率的なものとして扱うことができる．統計学は確率論の応用であるので，ランダムな順に実験を行うことで，統計学にもとづく実験データの解析ができるようになるわけである．

1.3 実験計画法とは

おいしいパンのレシピづくりのように，新製品開発，製造条件の決定などの場面では，時間や費用，実験環境などに制約がある．もちろん，実験データは厳密な意味で正確ではなく，実験誤差がどうしても伴う．そのような制約のなかで，最も精密な結論を得るための実験方法と実験データの分析方法を探求する分野が実験計画法である．

本書では，実験計画法の基本的な実験方法とデータ解析法を説明する．

1.4 紙ヘリコプター実験

本書では，さまざまな方法の解説に紙ヘリコプター実験を一貫して用いる．紙ヘリコプターとは，コピー用紙などで作成した図1.3に示すものである．ある高さから落とすと，ヘリコプターのように回転して，ゆっくりと落下する．紙ヘリコプターの形状を工夫し，なるべく滞空時間の長い紙ヘリコプターを作成しようとする実験である．紙ヘリコプター実験は，実験計画法の演習として，大学や企業の研修で，今日まで多く用いられてきている．

実験に取り上げる因子は，

　因子A：羽の長さ(mm)

　因子B：羽の幅(mm)

　因子C：台の長さ(mm)

　因子D：切込み量(mm)

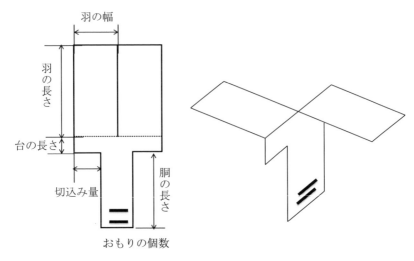

図1.3 紙ヘリコプター

　　因子 E：胴の長さ（mm）
　　因子 F：おもりの個数（個）
　　因子 G：紙の重さ（g/m²）

である．因子 F のおもりの個数は，ホッチキスの針の個数である．作成に用いる紙はトレーシングペーパーであり，1m² 当たりの重さ（g）が異なるものを何種類か用いることができる．因子 G はその紙の重さである．

いろいろと変えられる因子は A〜F の6種類となる．実験では，最も滞空時間の長い最適な紙ヘリコプターはどのような形状かを考える．羽の長さ（因子 A）を 5.0 cm や 7.0 cm，羽の幅（因子 B）を 0.5 cm，1.0 cm などのように変えて実験し，滞空時間の向上を目指すのが実験の目的である．

紙ヘリコプター実験は，簡単そうに見えるが，やってみるとなかなかうまくいかず複雑である．手当たり次第の試行錯誤ではうまくいかないだろう．作成にはそれほど時間がかからないので，読者の方々も本書で解説する実験計画法を用いて，優雅に舞う，滞空時間の長い紙ヘリコプターの作成にチャレンジしていただき，実験計画法の有用性を感じ取ってもらいたい．

第 2 章
1つの因子の影響を見るための実験
（1元配置）

2.1 はじめに

　紙ヘリコプターの羽の長さを長くすると，空気抵抗が増して，滞空時間が伸びるだろう．しかし，長すぎれば逆に空気抵抗に耐えられず，形を崩して，これもまた早く落下するだろう．最適な羽の長さが存在するはずである．その最適な羽の長さを実験によって見つけたい．

　そこで，羽の長さを何通りかに変えた紙ヘリコプターを作成し，滞空時間がどのように変化するかを分析することで，最適な羽の長さを見出してみよう．羽の長さを 6.0 cm，6.5 cm，7.0 cm，7.5 cm とした4種類の紙ヘリコプターを3つずつ作成し，滞空時間（データ）を測定して表 2.1 にまとめた．また，紙ヘリコプターのほかの部分を図 2.1 のように固定した．

表 2.1　実験データ

羽の長さ (cm)	6.0	6.5	7.0	7.5
滞空時間 (秒)	4.62	5.09	4.76	2.91
	5.03	5.39	4.59	3.39
	5.12	5.25	5.20	3.48
平均値	4.92	5.24	4.85	3.26

　同じ羽の長さの紙ヘリコプターのデータは3つずつあるので，それらの平均値を比較すれば，最適な羽の長さがわかると思われる．滞空時間は長いほうが

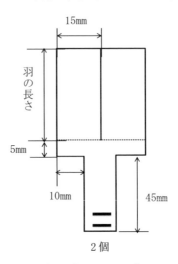

紙の重さ：50 g/m²

図 2.1　紙ヘリコプターの設計図

よいので，平均値の大きな羽の長さが最適な羽の長さであるだろう．よって，平均値が 5.24 秒である 6.5 cm が最適な羽の長さである，と結論づけた．これでよいだろうか．

　実験計画法にもとづいて，この実験がよいかどうかを判定するためには，この情報だけでは不十分である．最適な羽の長さが 6.5 cm であるといってよいかどうかはわからない．なぜなら，実験のやり方や順序に関する情報が何もないからである．

　紙ヘリコプターといえども，実験にけっこう時間がかかる．紙にヘリコプターの外形を描き，はさみやカッターなどで切り取り，高さ 3.0 m の天井から落下させて滞空時間を測定する．4 種類の紙ヘリコプターを 3 つずつ，計 12 個の紙ヘリコプターを作成して，滞空時間を測定するのである．実験を効率的に行うため，やり方を工夫してみた．実験方法は次のとおりである．

　① 紙に羽の長さが 7.5 cm の紙ヘリコプターの外形を鉛筆と定規で描き，2 枚コピーする．そして，はさみで切り取って，紙ヘリコプターを作成

する.

② ①で作成した紙ヘリコプターの滞空時間を測定する.

③ 他の羽の長さの紙ヘリコプターも①および②の手順で実験する.羽の長さが7.0 cm, 6.5 cm, 6.0 cm の順に実験を行った.

この方法による実験の順序を示すと表2.2のようになる.この実験方法と実験順序でとられた実験データから,最適な羽の長さが6.5 cm であるという結論を,自信をもっていうことはできない.表2.2の実験順序で懸念される事柄は,例えば,実験に対する習熟である.実験をやっているうちに紙ヘリコプターの作成能力が上がり,出来映えがよくなる,ということである.つまり,

- 本当は,7.0 cm や 7.5 cm のほうが,滞空時間が長いが,作成の習熟により,6.5 cm のほうが長くなった

という仮説が考えられる.このことが本当であれば,各羽の長さにおける滞空時間の平均値の違いは,羽の長さそのものによる影響と,習熟による影響が入り交じって生じた違いである.

表2.2 実験の順序

羽の長さ(cm)	6.0	6.5	7.0	7.5
実験順序	10	7	4	1
	11	8	5	2
	12	9	6	3

また,実験方法から懸念される事柄は,紙ヘリコプターの外形をコピーしたことによる影響である.コピーすると,3つの紙ヘリコプターがより近い形になるので,誤差が小さくなり,望ましいと思われるかもしれない.しかし,これはコピー元で生じた誤差が,他の2つにもそのまま継承されるということであり,望ましいことではない.なぜなら,コピー元の外形がいびつであると,他の2つもいびつになり,その影響で滞空時間が短くなるからである.つまり,

- 本当は,7.0 cm が最適であるのだが,実験時にたまたま外形がいびつ

になり，滞空時間が短くなった
という仮説も考えられる．したがって，これも紙ヘリコプターの羽の長さによる影響を，純粋に引き出すことを阻害している．

このように，実験のやり方，順序次第では，本来見るべきものが見られない結果を生み出すことがある．習熟，誤差の継承以外にも，実験室の湿度，温度の変化なども本来見るべきものを覆い隠す．習熟，温度，湿度は，時間的に傾向のある変化をするため，**系統誤差**とよばれる．実験データに系統誤差が入ると実験データを見ただけでは，本来見たい変化なのか，系統誤差なのか区別がつかない．それゆえ，実験上の注意点としてよくいわれるのが，「実験環境の均一化」である．すなわち，紙ヘリコプターの羽の長さ以外の，滞空時間を変化させる要因については，実験環境も含めて，すべてなるべく均一化し，得られた実験データで生じる違いは，本来見たい変化と判断することが，よく行われる．

実験環境の均一化は重要なことではあるが，実験計画法では，実験順序のランダム化をさらに強調する．なぜなら，実験順序をランダム化することにより，系統誤差を**偶然誤差**(確率的誤差)に転化させることができるからである．実験順序のランダム化とは，実験順序をくじ引きやサイコロなどで決めることである．例えば，12個の紙ヘリコプターの作成および測定順序をくじ引きで決めれば，実験の習熟があっても，羽の長さが6.0 cmの紙ヘリコプターの出来映えがよくなるか悪くなるかは，偶然に左右される．誤差が確率的であれば，統計学を用いて，本来見たい変化を評価することができる．企業における製品開発や製品設計，製造条件の最適化などで行う実験では，コスト制約や物理的制約により，十分に実験環境を均一化することが難しい場合も多く，実験のランダム化は有用かつ重要であるし，また，科学のような精密実験においても，実験環境の均一化を十分に企てたとしても，より精密な結論を得るために実験のランダム化と統計解析は必須である．

実験計画法では，実験の目的にあった，本来見たい変化を，統計解析によって明らかにするための実験のやり方(＝実験計画)を提供する．

2.2 実験計画法による実験

実験計画法に即して,もう一度,実験をやり直し,紙ヘリコプターの最適な羽の長さを見つけよう.

2.2.1 因子と水準,実験の繰返し

羽の長さのように,実験で変化させるものを**因子**といい,実際に実験する4通りの具体的な羽の長さのことを**水準**という.本実験においては,6.0 cm, 6.5 cm, 7.0 cm, 7.5 cm が水準である.水準が4つあるので,羽の長さを因子 A と名づけると,因子 A は4水準であるという.また,それぞれの水準を A_1, A_2, A_3, A_4 と名づける(表 2.3).本実験は,1つの因子を取り上げた実験である.このような実験を**1元配置**とよぶ.

表 2.3 因子と水準

	水準			
因子 A	A_1	A_2	A_3	A_4
羽の長さ (cm)	6.0	6.5	7.0	7.5

各水準において,紙ヘリコプターを3つずつ作成した.各水準において,複数回の実験を行うことを,**実験の繰返し**,単に**繰返し**という.各水準における実験の繰返し数をばらばらにすることもできるが,それはあまり行わず,揃える(同数回にする)のが一般的である.

一般的に,実験の繰返しは行う.それは実験誤差の大きさを推定するためである.実験を繰り返せば,紙ヘリコプター自体に誤差が生じ,それが滞空時間の誤差になる.その誤差が実験誤差である.例えば,羽の長さが 6.0 cm の紙ヘリコプターを3つ作成するが,それらは同じものではない.羽の長さも 6.05 cm や 5.95 cm のように微妙に異なっているだろう.この違いが実験誤差

になる．各水準で実験を繰返し，それらの誤差を総合して実験誤差を推定する．したがって，実験を繰り返すとき，羽の長さが同じだからといって，手間を省き，各水準において1つだけ作成して，2回飛ばして滞空時間を計測するのは，実験の繰返しとはいわない．これは**測定の繰返し**といわれ，実験の繰返しとは区別される．測定の繰返しでわかる誤差は，測定誤差だけである．

また，前節のように，1つだけ作成しておいて，残りはコピーというのも繰返しではない．なぜなら，オリジナルの紙ヘリコプターにおける実験誤差が，コピーの紙ヘリコプターにそのまま継承されるからである．前節では，コピーは好ましくない実験のやり方として取り上げたが，これは**分割**とよばれる．そして，コピーしてもうまく解析できる実験計画が存在する．この実験は**分割法**とよばれる．分割法は実験が効率的に行えるため魅力的な方法であるが，その分，統計解析が難しくなる．

2.2.2 実験順序の決定

本実験は4水準で，繰返しが3回の1元配置なので，計12個の紙ヘリコプターの作成と滞空時間の計測を行う必要がある．12個の紙ヘリコプターの作成と滞空時間の計測は，ランダムな順に行わなければならない．ランダムな順とは，その順序を決めるときに，「$A_1(6.0\,\mathrm{cm})$，$A_1(6.0\,\mathrm{cm})$，$A_1(6.0\,\mathrm{cm})$，$A_2(6.5\,\mathrm{cm})$，$A_2(6.5\,\mathrm{cm})$，$A_2(6.5\,\mathrm{cm})$，$A_3(7.0\,\mathrm{cm})$，$A_3(7.0\,\mathrm{cm})$，$A_3(7.0\,\mathrm{cm})$，$A_4(7.5\,\mathrm{cm})$，$A_4(7.5\,\mathrm{cm})$，$A_4(7.5\,\mathrm{cm})$と書いたカードを作成し，それらをくじ引きする」といったような方法で決められる順序のことである．

ランダムな順（くじ引き）であるので，表2.2のような好ましくない順序になるときもある．しかし，それは確率現象でそうなったのであって，統計解析のなかに折り込み済みである．

くじ引きで実験順序を決めてみると，表2.4のようになった．この順序で紙ヘリコプターを作成し，滞空時間を測定すると，表2.5のようなデータが得られた．

表 2.4 実験の順序

因子 A	水準			
	A_1	A_2	A_3	A_4
羽の長さ (cm)	6.0	6.5	7.0	7.5
実験順序	1	4	2	8
	3	6	5	10
	9	7	11	12

表 2.5 滞空時間(実験データ)

因子 A	水準			
	A_1	A_2	A_3	A_4
羽の長さ (cm)	6.0	6.5	7.0	7.5
滞空時間 (秒)	4.38	4.81	5.22	3.30
	4.41	4.17	5.23	3.65
	4.11	3.47	4.84	3.20

2.3 実験データの解析

2.3.1 直感的な分析

　実験の目的は，滞空時間が最も長くなる羽の長さを見つけることである．直感的には，平均値が最大の羽の長さを選べばよいだろう．各水準において，滞空時間の平均値を求めると，表 2.6 のようになる．A_3 水準の平均値が最大なので，羽の長さが 7.0 cm の紙ヘリコプターが最適であると思われる．今回の実験は，実験順序もランダムにし，つくり方も省略せずに一つひとつ作成したので，何も問題がないように思える．よって，直感的に羽の長さを 7.0 cm にするのがよいと思われるが，これで何か問題はないだろうか．結論からいうと，直感どおりでほぼ問題はない．以下に統計学の考え方にもとづいて，最適な羽

表 2.6　各水準の平均値と全データの平均値

因子 A	水準			
	A_1	A_2	A_3	A_4
羽の長さ (cm)	6.0	6.5	7.0	7.5
各水準の平均値 (秒)	4.300	4.150	5.097	3.383
全データの平均値 (秒)	4.233			

の長さを選択するための方法論を説明する．

2.3.2　統計学にもとづく解析

　この実験の目的を繰り返すと，「滞空時間が最も長くなる羽の長さを決める」ことである．この表現は，いささか曖昧なので，少し厳密に記述しよう．この表現で問題なのは，滞空時間である．この滞空時間は，滞空時間の実測値（データ）ではなく，滞空時間の真値という意味で用いられている．**真値**とは，設計図どおりに寸分たがわず作成したときの滞空時間のことであり，その設計がもつ根本的な能力であるが，一方，**実測値**とは，実際には設計図どおり正確に作成することができないために生じる設計図からのズレによる誤差や，測定誤差が，真値に付加されたものである．誤差は偶然の要素であるため，同じ形であっても紙ヘリコプターをつくり直せば，また，測定し直せば，滞空時間の実測値は変わる．実測値はたまたま最大値を示すこともあるし，最小値を示すこともある．実験で調べるものは，偶然性によるものではなく，恒常的な真値である．それゆえ，実験を繰り返し，実測値のばらつきの程度を確認しながら，

「滞空時間の真値が最も長くなる羽の長さ」

を調べることが，実験の目的である．

　滞空時間の真値を調べることが実験の目的だが，実測値である平均値によって，最適な羽の長さを選択することは妥当であろうか．次にこの妥当性について考察する．

2.3 実験データの解析

表 2.7 データの構造(データ,真値,誤差の関係)

因子 A	水準			
	A_1	A_2	A_3	A_4
羽の長さ (cm)	6.0	6.5	7.0	7.5
滞空時間(秒)	$(y_{11})\,4.38$ $= \mu_1 + \varepsilon_{11}$	$(y_{21})\,4.81$ $= \mu_2 + \varepsilon_{21}$	$(y_{31})\,5.22$ $= \mu_3 + \varepsilon_{31}$	$(y_{41})\,3.30$ $= \mu_4 + \varepsilon_{41}$
	$(y_{12})\,4.41$ $= \mu_1 + \varepsilon_{12}$	$(y_{22})\,4.17$ $= \mu_2 + \varepsilon_{22}$	$(y_{32})\,5.23$ $= \mu_3 + \varepsilon_{32}$	$(y_{42})\,3.65$ $= \mu_4 + \varepsilon_{42}$
	$(y_{13})\,4.11$ $= \mu_1 + \varepsilon_{13}$	$(y_{23})\,3.47$ $= \mu_2 + \varepsilon_{23}$	$(y_{33})\,4.84$ $= \mu_3 + \varepsilon_{33}$	$(y_{43})\,3.20$ $= \mu_4 + \varepsilon_{43}$

データ(実測値)は,

(データ) = (真値) + (誤差)

のようになっていると考える.A_i水準における第j番目のデータをy_{ij},第A_i水準における紙ヘリコプターの滞空時間の真値をμ_i,第A_i水準における第j番目のデータの誤差ε_{ij}とすると,データは表 2.7 のような構造になっている.すなわち,データは

$$y_{ij} = \mu_i + \varepsilon_{ij},\ i = 1, 2, 3, 4,\ j = 1, 2, 3$$

のような構造をしている.滞空時間の真値は,羽の長さが同一であれば同じ値であることに注意する.ε(イプシロンと読む)は誤差を表す記号であり,右下の添字によって,誤差の値が異なることを表している.さらに,誤差は,実験をランダムな順で行ったため,確率的であり,かつ,添字が異なる誤差どうしは,互いに独立である.つまり,それぞれの誤差は互いに独立な確率変数である.誤差は確率変数なので確率分布を定めるが,いずれの誤差も期待値 0,分散 σ^2 の正規分布($N(0, \sigma^2)$ と表記する)に従うと仮定する.これらのことを,

$$\varepsilon_{ij},\ i = 1, 2, 3, 4,\ j = 1, 2, 3 \quad \sim \quad \text{i.i.d.}\ N(0, \sigma^2)$$

と表記する."i.i.d." は「independent and identically distributed」の略であり,「互いに独立に同一な分布に(従う)」という意味である."$\sim$" は「…分布

に従う」という意味である．したがって，誤差の仮定は，「$i = 1, 2, 3, j = 1, 2, 3, 4$ の誤差 ε_{ij} は，互いに独立に同一な $N(0, \sigma^2)$ に従う」という意味を示している．この仮定は統計学的な仮定であるが，これを実験において解釈すると，

- 実験誤差の分散（ばらつき），羽の長さ（第 A_i 水準）に依存して大きくなったり小さくなったりするようなことはなく，個々の実験においていずれも等しい
- 分布においても羽の長さ（第 A_i 水準）に依存するような現象はなく，個々の実験においていずれも同一の分布に従う
- 実験誤差は，正よりも負の値のほうが出やすかったり，＋1以上の値は出るが，－1以下の値は出ないというようなことは起こらず，0に対して対称な分布に従っており，そのような場合に統計学でよく用いられる正規分布を仮定する

というようになる．この誤差の仮定の下，第 A_i 水準での平均値の性質を求める．

第 A_i 水準での平均値は，

$$\bar{y}_{i\cdot} = \frac{y_{i1} + y_{i2} + y_{i3}}{3} = \frac{(\mu_i + \varepsilon_{i1}) + (\mu_i + \varepsilon_{i2}) + (\mu_i + \varepsilon_{i3})}{3} = \mu_i + \frac{\varepsilon_{i1} + \varepsilon_{i2} + \varepsilon_{i3}}{3}$$

である．この平均値の分散は，

$$V[\bar{y}_{i\cdot}] = V\left[\mu_i + \frac{\varepsilon_{i1} + \varepsilon_{i2} + \varepsilon_{i3}}{3}\right] = \left(\frac{1}{3}\right)^2 (V[\varepsilon_{i1}] + V[\varepsilon_{i2}] + V[\varepsilon_{i3}])$$

$$= \left(\frac{1}{3}\right)^2 3\sigma^2 = \frac{\sigma^2}{3}$$

である．また，期待値は，

$$E[\bar{y}_{i\cdot}] = E\left[\mu_i + \frac{\varepsilon_{i1} + \varepsilon_{i2} + \varepsilon_{i3}}{3}\right] = E[\mu_i] + \frac{1}{3}(E[\varepsilon_{i1}] + E[\varepsilon_{i2}] + E[\varepsilon_{i3}])$$

$$= E[\mu_i] = \mu_i$$

である．これらより，平均値の期待値は真値と等しく，データそのものより分

散が小さいことがわかった．ゆえに，ある水準におけるデータの平均値は，ある羽の長さで作成した紙ヘリコプターの滞空時間の真値を，精度よく示している．例えば，羽の長さを $6.0\,\mathrm{cm}$ (A_1) で作成した紙ヘリコプターの滞空時間を平均すると，

$$\frac{4.38+4.41+4.11}{3} = 4.300 (秒)$$

である．つまり，その真値は，おおよそ 4.300 秒であると考えられる．もっと統計学らしく表現すると，「羽の長さを $6.0\,\mathrm{cm}$ で作成した紙ヘリコプターの滞空時間は，4.300 秒と推定される」という．**推定**という言葉は，データから真値を，おおよそで指し示すことである．また，平均値は推定に用いた値という意味で，**推定値**という．推定は，統計学の目的そのものである．したがって，推定という言葉を使う際には，「真値」という言葉は当然なので，省略されることが多い．以上より，実験を繰り返し，データを平均して最適な水準を決めることは，統計学にもとづく方法なのである．

以上の話，実は根底に

「羽の長さが変われば，滞空時間の真値も変わる」（条件①）

という前提条件がある．この条件①がなければ，最適な羽の長さ（水準）を選ぶことに意味はない．すなわち，

「羽の長さが変わっても，滞空時間の真値は変わらない」（条件②）

のであれば，羽の長さをいくつにしてもよいのである．条件①と条件②のどちらがより真実に近いかを分析できる方法はないだろうか．少なくとも条件①であることに確信をもてれば，最適な水準を選ぶことに意味が出てくる．これを調べるためには，各水準の平均値を比較するだけでは分析できない．実験誤差の大きさと各水準の平均値の変化を比較する必要がある．この分析は，**分散分析**とよばれており，実験計画法のテーマの１つである．

以上より，実験計画法において，統計学を使って調べるものは，

- 目的1：「羽の長さ(因子の水準)が変われば，滞空時間(データ)の真値も変わる」といえるかどうか
- 目的2：目的1が成り立つとき，最適な水準はどれか

である．また，実験の目的として，

- 目的3：滞空時間(データ)の真値が変化する様子の推定(1次的な変化であるか，2次的な変化であるか，ある値に飽和するような変化であるか，など)

もある．

目的1にある「羽の長さ(因子の水準)が変われば，滞空時間(データ)の真値も変わる」ということを，実験計画法の用語で，「羽の長さ(因子A)に**効果がある**」という．逆に，羽の長さ(因子の水準)が変わっても，滞空時間(データ)の真値は変わらない」ということを，「羽の長さ(因子A)に**効果がない**」という．したがって，目的1を実験計画法の用語で書き換えると，

- 目的1：「羽の長さ(因子A)に効果がある」といえるかどうか

である．

2.3.3 データの構造と効果

前項で述べたように，データ(実測値)は，

$$y_{ij} = \mu_i + \varepsilon_{ij}$$

$$\varepsilon_{ij}, i = 1, 2, 3, 4, j = 1, 2, 3 \sim \text{i.i.d. } N(0, \sigma^2)$$

のようになっていると考える．この式を**データの構造式**とよんでいる．

データをこのように考えると，「目的1：「羽の長さ(因子A)に効果がある」といえるかどうか」，もしくは，「目的2：「羽の長さ(因子の水準)が変われば，滞空時間(データ)の真値も変わる」といえるかどうか」は，データの真値が，

$$\mu_1 = \mu_2 = \mu_3 = \mu_4 \tag{2.1}$$

であるか，

$$\mu_1 = \mu_2 = \mu_3 = \mu_4 \text{ のどこかの等号 "=" が成り立たない} \tag{2.2}$$

という状態であるかを分析することと言い換えることができる．式(2.1)は因

2.3 実験データの解析

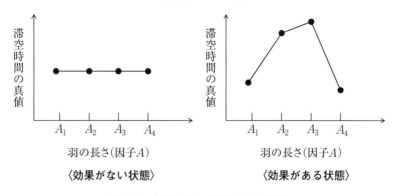

図 2.2 効果がない状態とある状態

子に効果がない状態，すなわち，「羽の長さが変わっても，滞空時間の真値は変わらない」状態を表現したものである．式(2.2)は因子に効果がある状態，すなわち，「羽の長さが変われば，滞空時間の真値も変わる」状態を表現したものである．因子の効果がない状態，およびある状態を図で表すと，**図2.2**のようになる．

「効果がない」ということは，式(2.1)のようにスッキリと表現できるが，「効果がある」ということは，式(2.2)のようになり，あまりスッキリと表現できない．そこで，もう少し表現を工夫してみよう．

まず初めに，滞空時間の真値の平均値，

$$\bar{\mu} = \frac{\mu_1 + \mu_2 + \mu_3 + \mu_4}{4}$$

を導入する．この平均値を図2.2に書き入れると，図2.3のようになる．効果がない場合，各水準における真値の平均値のすべてと真値の全平均値は一致する．一方，効果がある場合，各水準における真値の平均値のすべてと真値の全平均値は一致しない．すなわち，

「各水準の真値に変化がある」＝「効果がある」
　　　　　　　　　　　　　＝「各水準における真値と，真値の全平均とに隙間がある」

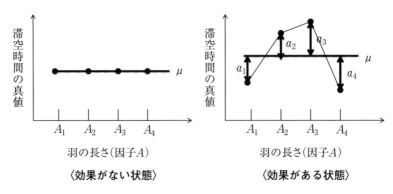

図2.3 各水準における真値の平均値と真値の全平均との関係

というわけである．この隙間，

$$\alpha_1 = \mu_1 - \bar{\mu}, \ \alpha_2 = \mu_2 - \bar{\mu}, \ \alpha_3 = \mu_3 - \bar{\mu}, \ \alpha_4 = \mu_4 - \bar{\mu}$$

（左辺の記号 α はアルファと読む）

のことを因子の**効果**とよんでいる．さらに，各隙間を2乗して，合計し，（水準数）－1で割ったもの，すなわち，

$$\sigma_A{}^2 = \frac{\alpha_1{}^2 + \alpha_2{}^2 + \alpha_3{}^2 + \alpha_4{}^2}{3}$$

を導入すると，効果がない状態を，

$$\sigma_A{}^2 = 0$$

効果がある状態を，

$$\sigma_A{}^2 > 0$$

と簡潔に表現することができる．この $\sigma_A{}^2$ のことを効果とよぶ場合もある．

以上を踏まえ，効果を用いてデータを表現すると（効果を用いたデータの構造式は），

$$y_{ij} = \mu + \alpha_i + \varepsilon_{ij}$$

$\varepsilon_{ij}, \ i=1,2,3,4, \ j=1,2,3 \ \sim \ \text{i.i.d.} \ N(0, \sigma^2)$

$$\sum_{i=1}^{4} \alpha_i = 0$$

となり，表2.7は表2.8のように書き換えることができる．最後の行の「効果

表 2.8 データの構造(データ,効果,誤差の関係)

因子 A	水準			
	A_1	A_2	A_3	A_4
羽の長さ (cm)	6.0	6.5	7.0	7.5
滞空時間(秒)	4.38 $=\mu+\alpha_1+\varepsilon_{11}$	4.81 $=\mu+\alpha_2+\varepsilon_{21}$	5.22 $=\mu+\alpha_3+\varepsilon_{31}$	3.30 $=\mu+\alpha_4+\varepsilon_{41}$
	4.41 $=\mu+\alpha_1+\varepsilon_{12}$	4.17 $=\mu+\alpha_2+\varepsilon_{22}$	5.23 $=\mu+\alpha_3+\varepsilon_{32}$	3.65 $=\mu+\alpha_4+\varepsilon_{42}$
	4.11 $=\mu+\alpha_1+\varepsilon_{13}$	3.47 $=\mu+\alpha_2+\varepsilon_{23}$	4.84 $=\mu+\alpha_3+\varepsilon_{33}$	3.20 $=\mu+\alpha_4+\varepsilon_{43}$

を足すと0」を表す等式は,

$$\sum_{i=1}^{4}\alpha_i=\sum_{i=1}^{4}(\mu_i-\overline{\mu})=\sum_{i=1}^{4}\mu_i-\sum_{i=1}^{4}\overline{\mu}=\sum_{i=1}^{4}\mu_i-4\overline{\mu}$$
$$=\sum_{i=1}^{4}\mu_i-\sum_{i=1}^{4}\mu_i=0$$

を反映したものである.

2.4 実験データの分析

2.4.1 データのグラフ化

因子に効果があるかどうかや,最適な水準はどれかを調べるだけであれば,数値の計算や平均値の比較だけでもできるが,実験として妥当性を考察するためにグラフを描いて,視覚的にデータを眺めてみよう.

横軸に水準(羽の長さ)をとり,縦軸に滞空時間をとって,図 2.4 のようなグラフを描く.これは図 2.3 を真値の代わりにデータで表現したものである.グラフには,

- 各水準の平均値(これは折れ線でつなぐ)
- データ全部の平均値がわかる線

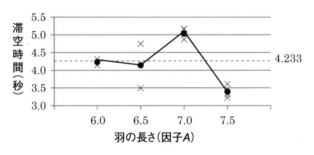

図 2.4 実験データのグラフ化

- データそのもの

を書き込むとよい．そのために表 2.9 を作成しておく．

表 2.9 各水準の平均値と全データの平均値

	水準			
因子 A	A_1	A_2	A_3	A_4
羽の長さ (cm)	6.0	6.5	7.0	7.5
滞空時間(秒)	4.38	4.81	5.22	3.30
	4.41	4.17	5.23	3.65
	4.11	3.47	4.84	3.20
各水準の平均値	4.300	4.150	5.097	3.383
全データの平均値	4.233			

　各水準の平均値は，各水準における滞空時間の真値の推定値であるから，各水準の平均値の変化から，滞空時間の真値の変化を想像する．ただし，平均値はデータそのものよりも誤差に対する影響が少なく，真値により近い値を示している可能性が高いが，所詮，データから求められたものであり，誤差の影響をいくらかは受けていることを意識して考察する．データ全部の平均値を**全平均**というが，図 2.4 のように書き込むことによって，各水準の平均値の変化を

2.4 実験データの分析

見やすくできる．

　データそのものからは，外れ値やデータのばらつき方を考察する．外れ値とは，他のデータとは大きくかけ離れた値(データ)のことである．外れ値があると，その影響で平均値が大きくなったり，小さくなったりするので，注意が必要である．また，実験の不備によっても外れ値が発生することがあるので，実験が正しく行われたかも，データによって確認する．各水準におけるデータのばらつきも比較する．ばらつきの大きさが一定でない場合，実験そのものに問題があるかもしれない．よくあるのは，羽の長さのように水準が物理的なものである場合，値が大きくなるとデータのばらつきも大きくなる，という現象である．このようなことが，実験の物理・化学的な原理から考えて妥当である場合，データの変数変換や，より高度な解析法を適用することも考えられる．大きくなる程度が，それほど大きくない場合は，本章で適用する解析法を適用しても問題はない．いずれにせよ，水準間でデータのばらつきに大きな違いがある場合，実験の物理・化学的な原理をよく考えて，実験そのものの妥当性を考察しなければならない．

　図 2.4 に実験データのグラフを示した．羽の長さが $6.0\,\mathrm{cm}$〜$7.0\,\mathrm{cm}$ までは滞空時間が長くなっている．$6.5\,\mathrm{cm}$ の平均値は $6.0\,\mathrm{cm}$ の平均値より低いが，著しく低いわけではないので，誤差の影響と考えられる．そして，羽の長さが $7.5\,\mathrm{cm}$ になると急激に下がっている．$6.0\,\mathrm{cm}$〜$7.0\,\mathrm{cm}$ までは空気抵抗が増し，滞空時間が長くなるが，$7.5\,\mathrm{cm}$ まで長くすると羽が耐えられず，落下速度が速くなるということが考えられる．統計解析により，羽の長さ(因子 A)に効果があると判定されれば，滞空時間は長いほうがよいので，$7.0\,\mathrm{cm}\,(A_3$水準$)$が最適である．

　目立った外れ値はないが，羽の長さが $6.5\,\mathrm{cm}\,(A_2)$ のとき，データのばらつきが他の水準と比べて大きい．A_2 水準での実験の際に，何か問題がなかったか，実験記録などを調べる必要があると思われる．ここでは，特に問題はなかったとして先に進もう．

2.4.2 羽の長さ(因子 A)の効果の分析

まずはじめの興味は，因子 A に効果があるかどうかである．表 2.8 に示したように，データは滞空時間の真値の全平均と因子 A の効果，誤差から構成されている．データから，滞空時間の真値の全平均，因子 A の効果，誤差をそれぞれ推定すれば，因子 A に効果があるかどうかを統計学にもとづいて分析できる．

滞空時間の真値の全平均 μ は，データの全平均で推定できる．つまり，

$$(滞空時間の真値の全平均 \mu の推定値) = \frac{4.38 + 4.41 + \cdots + 3.20}{12}$$

$$= 4.233 (秒)$$

である．

次に各水準における効果 α_1, α_2, α_3, α_4 を推定しよう．各水準における効果 α_1, α_2, α_3, α_4 は，

$$\alpha_1 = \mu_1 - \bar{\mu}, \quad \alpha_2 = \mu_2 - \bar{\mu}, \quad \alpha_3 = \mu_3 - \bar{\mu}, \quad \alpha_4 = \mu_4 - \bar{\mu}$$

であった．$\bar{\mu}$ は真値の全平均なので，データの全平均で置き換えればよい．μ_1, μ_2, μ_3, μ_4 は，各水準における滞空時間の真値だったので，これらの推定値は，各水準におけるデータの平均値である．したがって「各水準における効果」は，

$$(各水準のデータの平均値) - (データの全平均)$$

で推定することができる．12 個すべての紙ヘリコプターにおける効果の推定値を表 2.10 にまとめておく．効果は紙ヘリコプターの設計のみに依存するものなので，同じ羽の長さ(水準)であれば，効果の値(推定値)は同じである．

本実験データ中には，羽の長さ(因子 A)の効果 α_1, α_2, α_3, α_4 が 3 つずつある．2.3.3 項の σ_A^2 と同様の考え方で，本実験データ中の効果を 2 乗した量

$$(\alpha_1^2 + \alpha_2^2 + \alpha_3^2 + \alpha_4^2) \times 3$$

を導入する．この量も，効果がないとき 0 であり，効果があるとき 0 より大きくなる．α_1, α_2, α_3, α_4 はわからない(未知である)ので，表 2.10 の推定値で置き換えると，因子 A に効果があるかどうかの指標になるだろう．推定値で置

表2.10 各紙ヘリコプターの効果の推定値

因子 A	水準			
	A_1	A_2	A_3	A_4
羽の長さ (cm)	6.0	6.5	7.0	7.5
差 (秒)	0.0675	− 0.0825	0.8642	− 0.8492
	0.0675	− 0.0825	0.8642	− 0.8492
	0.0675	− 0.0825	0.8642	− 0.8492

注) ここで差とは各水準の平均値と全平均との差のこと．

き換えたものを，因子 A の**平方和**といい，S_A と表記する．つまり，

$$S_A = [(0.0675)^2 + (-0.0825)^2 + (0.8642)^2 + (-0.8492)^2] \times 3$$
$$= 4.4377$$

である．ここで，平方和は誤差により，効果がなくても，ぴったり0ということは起こらないことに注意する．効果がないときに平方和は小さく，効果があるときに平方和が大きくなる確率が高まる．では，どれくらい大きくなると因子 A に効果があるといえるだろうか．その基準が誤差である．

では次に誤差を求めよう．誤差は**表 2.7** より，

$$(誤差)\varepsilon_{ij} = (データ)y_{ij} - (各水準における滞空時間の真値)\mu_i$$

である．各水準における滞空時間の真値の推定値は，各水準におけるデータの平均値であるので，誤差は，

$$(データ) - (各水準におけるデータの平均値)$$

で推定される．各紙ヘリコプターの誤差の推定値を**表 2.11** にまとめておく．

実験データ中に誤差は 12 個ある．因子 A の平方和を求めたときと同様に，実験データ中の誤差の総量を，誤差を 2 乗した和で求める．誤差の値もまたわからない（未知）なので，**表 2.11** 中の値を 2 乗した和で求める．これを**誤差平方和**といい，S_e と表記する．つまり，

$$S_e = (0.0800)^2 + (0.1100)^2 + \cdots + (-0.1833)^2$$
$$= 1.1635$$

表2.11 各紙ヘリコプターにおける誤差

因子 A	水準			
	A_1	A_2	A_3	A_4
羽の長さ (cm)	6.0	6.5	7.0	7.5
誤差 (秒)	0.0800	0.6600	0.1233	−0.0833
	0.1100	0.0200	0.1333	0.2667
	−0.1900	−0.6800	−0.2567	−0.1833

である．

以上より，羽の長さに効果があるかどうかを統計学的に調べるための素材が集まった．統計学的には，効果があるかどうかは，誤差に対して平均値の変化量が十分かどうかということであるので，羽の長さ(因子A)の平方和S_Aと誤差平方和S_eとを比較すればよい．平方和は2乗の和なので0以上の値をとる．ゆえに，比で比較するが，その前に，各平方和を平方和の自由度で割らなければならない．平方和を平方和の自由度で割ったものを**平均平方**という．つまり，羽の長さ(因子A)の平均平方V_Aと誤差の平均平方V_eの比で，羽の長さ(因子A)に効果があるかどうかを判定する．具体的には，羽の長さ(因子A)の平方和の自由度ϕ_Aは，

$$\phi_A = (水準数) - 1 = 3$$

である．誤差平方和の自由度ϕ_eは，

$$\phi_e = (水準数) \times (繰返し数 - 1) = 4 \times 2 = 8$$

である．よって，羽の長さ(因子A)の平均平方は，

$$V_A = S_A/\phi_A = 4.4377/3 = 1.479230556$$

であり，誤差の平均平方は，

$$V_e = S_e/\phi_e = 1.1635/8 = 0.145441667$$

である．ゆえに，これらの比をとると，

$$F_0 = V_A/V_e = 10.17061059$$

である.

　自由度は，水準数や繰返し数に依存する(データには依存しない)数値なので，平方和を自由度で割っても意味は変わらない．もし，羽の長さに効果がなかったら，各水準の平均値の変化は誤差のみによる変化であるので，V_A が示す値も V_e と同様に誤差である．このとき，V_A と V_e は同じような値になり，その比である F_0 は 1 ぐらいである．逆に，羽の長さに効果がある場合は，各水準の平均値の変化は，滞空時間の真の値の変化による分と誤差による分が合わさっているので，V_A は V_e よりその分だけ大きくなる．つまり，F_0 は 1 より，かなり大きくなる．よって，

　　　「羽の長さ(因子 A)に効果があるとき，F_0 の値は大きくなる」

わけである．このことから，

　　　　「F_0 の値が大きいとき，羽の長さ(因子 A)に効果がある」

と判定するのである．それでは，いったい，いくつ以上になれば，「羽の長さ(因子 A)に効果がある」と判定できるのであろうか．それは，次の統計学の結果を利用する．

「羽の長さ(因子 A)に効果がないとき，$F_0 = V_A/V_e$ は分子の自由度 ϕ_A，分母の自由度 ϕ_e の F 分布に従う」

　これはどういう意味か．「効果がない」ということは，羽の長さを変えても，滞空時間の真値に変化がないということだから，V_A も V_e も誤差の影響しか受けていない．ゆえに，誤差どうしの平均平方の比は F 分布に従うということである．このことから統計的な検定を利用して，羽の長さ(因子 A)に効果があるかどうか，判定しよう．

　帰無仮説 H_0 と対立仮説 H_1 は，

　　　H_0：羽の長さ(因子 A)に効果がない

　　　H_1：羽の長さ(因子 A)に効果がある

である．有意水準 α を 0.05(5%) とすると，棄却域は，

$$F_0 \geqq F(\phi_A, \phi_e ; \alpha)$$

である．これが満たされるとき，帰無仮説を棄却する．

この実験では，棄却域は，

$$F(\phi_A, \phi_e ; \alpha) = F(3, 8 ; 0.05) = 4.07$$

である．$F_0 = 10.171$ であるので，$F_0 = 10.171 > F(3, 8 ; 0.05) = 4.07$ より，有意水準 0.05 で帰無仮説を棄却する．ゆえに，羽の長さを変えると滞空時間の真値は変化する(効果がある)といえる．

実験計画法では，以上のことを表 2.12 のような分散分析表にまとめる．なぜ，表 2.12 を分散分析表とよぶかは，2.6 節で説明する．分散分析表における因子 A の行の最も右の列に「*」があるが，これは，有意水準 0.05 で検定した結果，帰無仮説を棄却した(有意である)ことを意味するマークである．また，実験計画法では，有意水準を 0.01(1%) で検定しておき，それで有意なら

表 2.12　分散分析表

要因	平方和	自由度	平均平方	F_0	
羽の長さ(因子 A)	4.438	3	1.479	10.171	**
誤差	1.164	8	0.145		
合計	5.601	11			

表 2.13　各紙ヘリコプターにおけるデータと全平均との差

因子 A	水準			
	A_1	A_2	A_3	A_4
羽の長さ(cm)	6.0	6.5	7.0	7.5
差(秒)	0.1475	0.5775	0.9875	-0.9325
	0.1775	-0.0625	0.9975	-0.5825
	-0.1225	-0.7625	0.6075	-1.0325

注)　ここで差とは，データと全平均の差のこと．

ば,「**」とマークする習慣があり,そのとき,「高度に有意である」という.
$F(3, 8 ; 0.01) = 7.59$ であり,有意なので,「*」を 2 つ付ける.

分散分析表の合計の行について説明する.合計の行には,平方和と自由度だけを記入する.合計の平方和は,総平方和とよばれている.総平方和を計算するためには,まず,表 2.5 において,各データから全平均を引いて,表 2.13 を作成する.そして,表 2.13 の値を 2 乗して足したものが,総平方和 S_T である.この実験の総平方和は,

$$S_T = 5.601225$$

である.また,総平方和にも自由度があり,総平方和の自由度 ϕ_T は

$$\phi_T = (全データ数) - 1 = 12 - 1 = 11$$

である.

総平方和の意味は,実験の分析のうえでは,あまり明確でない.しかし,総平方和 S_T と因子 A の平方和 S_A,誤差平方和 S_e の関係を考えることは,実験計画法として重要である.その関係は 2.6 節で検討する.

2.4.3 最適水準の選択

羽の長さ(因子 A)に効果があったならば,羽の長さをどれくらいにするのがよいかを考察する.滞空時間は長いほうが望ましいので,滞空時間が最も長くなる羽の長さが最適である.通常,実験を行った水準(A_1, A_2, A_3, A_4)から選ぶ.選ばれた最適な水準のことを,**最適水準**とよぶ.

統計学的な観点から,最適水準の選び方には,通常,2 種類ある.1 つは各水準の平均値(点推定)を用いる方法である.滞空時間の平均値が最も高い羽の長さを最適とするものである.つまり,A_3(7.0 cm)が最適水準である.

もう 1 つは,信頼区間(区間推定)を用いる方法である.この方法を簡単にいうと,各水準の平均値にも誤差があるため,その誤差を考慮して,滞空時間の真の値を推定しようというやり方である.そのため,滞空時間の真値は,「○○〜××と推定される」という表現を用いる.「○○〜××」というのが信頼区間である.信頼率というものを設定すると,データから信頼区間が実際に決

まり,「信頼率△△%信頼区間は，○○～××である」というように表現する．信頼率 $100(1-\alpha)$ %信頼区間を求める公式は，

$$(各水準の平均値) \pm t(\phi_e, \alpha)\sqrt{\frac{V_e}{r}}$$

である．r は繰返し数，$t(\phi_e, \alpha)$ は自由度 ϕ_e の t 分布における両側確率が α の分位点である．また，α は有意水準のように 0.05 のように 0～1 までの値で指定する．検定における有意水準と同様，α は 0.05, つまり，信頼率 95% 信頼区間がよく用いられる．例えば，信頼率を 95% に設定し，A_1 水準 (6.0 cm) の信頼率 95% 信頼区間を求めると，

$$t(\phi_e, \alpha) = t(4, 0.05) = 2.776$$

より，

$$4.395 \pm 2.776\sqrt{\frac{0.0666}{2}} = 4.395 \pm 0.507 = 3.888, 4.902$$

となるので，A_1 水準 (6.0 cm) の信頼率 95% 信頼区間は，3.888～4.902 (秒) である．つまり，A_1 水準 (6.0 cm) における滞空時間の真値は，3.888～4.902 (秒) と推定される．同様にして，他の水準における信頼率 95% 信頼区間を表 2.14 にまとめる．

表 2.14 各水準における滞空時間の点推定と区間推定

	水準			
因子 A	A_1	A_2	A_3	A_4
羽の長さ (cm)	6.0	6.5	7.0	7.5
滞空時間 (秒)	4.38	4.81	5.22	3.30
	4.41	4.17	5.23	3.65
各水準の平均値 (点推定)	4.395	4.490	5.225	3.475
信頼率 95% 信頼区間	3.888～4.902	3.983～4.997	4.718～5.732	2.968～3.982

信頼区間を用いた最適水準の選択方法であるが，信頼区間の幅はどの水準でも一定であるため，区間の下限で選ぼうと，上限で選ぼうと，平均値で選ぼうと，同じ結果になる．したがって，信頼区間で水準を選択する場合，純粋な最適水準ではなく，「少なくとも〇秒は確保したいが，コストの都合で羽の長さはなるべく短いほうがよい」などといった基準による．例えば，「少なくとも3.5秒は確保したいが，コストの都合で羽の長さはなるべく短いほうがよい」とした場合，信頼区間の下限で3.5秒以上のA_2，A_3から，羽の長さが短いA_2を最適水準として選ぶ．

2.5　1元配置の解析手順

手順1　特性，因子，水準，繰返し数を決める．

1つしか因子をとらないため，特性と因子との詳しい関係を調べることが目的である．紙ヘリコプターのように因子が量的な値である場合は，特性と因子との関数関係を調べるといった具合である．したがって，ある程度多くの水準数が必要である．2水準なら直線関係しかわからず(増加か減少の2択)，3水準なら1次と2次の関係，一般的に，p水準なら$p-1$次までの関係が見られる．

手順2　実験の順序をランダムに決め，実験を行う．

全実験をランダムな順序になるように決め，**表2.4**のような実験順序の表を作成する．実験順序の表に従い実験を行って，データを**表2.5**のような実験データの表に書き入れる．**表2.5**はデータ解析のための表であって実験のすべてではない．もちろんのことではあるが，各実験において実験環境や実験中に気づいたことなどを書き記す実験ノートをつけることは必須である．例えば，紙ヘリコプターの実験では，落下の様子「途中で回転が止まり，バランスを崩して落下した」などである．

手順3　データをグラフ化し，考察する．

表 2.5 のデータに対して各水準のデータの平均値,および,全データの平均値(全平均)を求め,表 2.5 を表 2.9 のように拡張する.すなわち,表 2.5 に各水準での平均値と全平均の項目をつけ加える.図 2.4 のようなグラフを作成する.平均値,生データを同時にプロットし,平均値は折れ線で結ぶ.平均値は水準での真値の代用であるので折れ線からは水準を変えたときの特性の変化を知ることができる.また,生データからは各水準でのデータのばらつきや外れ値の存在を知ることができる.グラフの読み方については 2.4.1 項を参照してほしい.

これまでは,具体的にデータをもとにして解析法を説明してきた.ここで,より広く対応できるように,データを一般的な表記にして解析手順を説明する.

第 i 水準の第 j 番目のデータを x_{ij} とおく.水準が a 個,繰返し数が r である場合は,$i = 1, \cdots, a$,$j = 1, \cdots, r$ である.表 2.9 のデータ部分を x_{ij} で表した一般的な表記は表 2.15 になる.各水準の平均値は,

$$\frac{\sum_{j=1}^{r} x_{ij}}{r}$$

であり,

$$\bar{x}_{i\cdot} = \frac{\sum_{j=1}^{r} x_{ij}}{r}$$

のように書くことが多い.左辺の記号は,「エックス・バー・アイ・ドット」と読む.「バー」は x の上についている横棒のことであり,「ドット」は i の横の点「・」のことである.x_{ij} の j のところをドットに変えることにより,j について足したことを示している.また,バーは単に足しただけでなく,足した数で割る,すなわち平均操作をしたということを表している.このように足し算操作をドットで表す記法を「ドット・ノーテーション」という.ドット・ノーテーションを使うと,全平均は,

$$\bar{x}_{\cdot\cdot} = \frac{\sum_{i=1}^{a} \sum_{j=1}^{r} x_{ij}}{ar}$$

となる.

2.5 1元配置の解析手順

手順 4 平方和を計算する.
① 因子 A の平方和 (S_A)

各水準において(各水準の平均値) − (全平均)を求める.すなわち,
$$\widehat{\alpha}_i = \bar{x}_{i\bullet} - \bar{x}_{\bullet\bullet}, \ i=1, \cdots, a$$
である.これを用いて表 2.10 を作成する.一般的なバージョンでは,表 2.15 の x_{ij} を $\widehat{\alpha}_i$ で置き換える.このとき,同一水準ならば $\widehat{\alpha}_i$ は同じ(繰返しても水準における特性値の真値は変わらない)であることに注意する.表 2.10 に対する一般的な表記は表 2.16 である.セル中の値を 2 乗して足したものが因子 A の平方和だから,
$$S_A = r\sum_{i=1}^{a} \widehat{\alpha}_i^{\,2} = r\sum_{i=1}^{a} (\bar{x}_{i\bullet} - \bar{x}_{\bullet\bullet})^2$$
である.

② 誤差平方和 (S_e)

誤差とは繰返しによるデータのばらつきであるので,各データに対して (データ) − (各水準の平均値)を求め,表 2.11 を作成する.そして,表 2.11 の

表 2.15 データ,各水準の平均値,全データの平均値(一般)

	水準				
因子 A	A_1	$\cdots$	A_i	$\cdots$	A_a
XXX(xx)	xxx	$\cdots$	xxx	$\cdots$	xxx
XXXX(xx)	x_{11}	$\cdots$	x_{i1}	$\cdots$	x_{a1}
	$\vdots$		$\vdots$		$\vdots$
	x_{1j}	$\cdots$	x_{ij}	$\cdots$	x_{aj}
	$\vdots$		$\vdots$		$\vdots$
	x_{1r}	$\cdots$	x_{ir}	$\cdots$	x_{ar}
各水準の平均値	$\bar{x}_{1\bullet}$	$\cdots$	$\bar{x}_{i\bullet}$	$\cdots$	$\bar{x}_{a\bullet}$
全平均			$\bar{x}_{\bullet\bullet}$		

表 2.16　各水準の効果の推定値(一般)

因子 A	水準				
	A_1	$\cdots$	A_i	$\cdots$	A_a
XXX(xx)	xxx	$\cdots$	xxx	$\cdots$	xxx
XXXX(xx)	$\hat{\alpha}_1$	$\cdots$	$\hat{\alpha}_i$	$\cdots$	$\hat{\alpha}_a$
	$\vdots$		$\vdots$		$\vdots$
	$\hat{\alpha}_1$	$\cdots$	$\hat{\alpha}_i$	$\cdots$	$\hat{\alpha}_a$

セルの数値を2乗して足したものが誤差平方和である.
　一般的な表記では, 誤差は,

$$x_{ij} - \overline{x}_{i\bullet},\ i=1,\cdots,a,\ j=1,\cdots,r$$

であるから, 表2.11 に対応する一般的な表記は表2.17 となる. ゆえに, 表2.17 におけるセルの数値を2乗して足すと, 誤差平方和は,

$$S_e = \sum_{i=1}^{a} \sum_{j=1}^{r} (x_{ij} - \overline{x}_{i\bullet})^2$$

である.

表 2.17　誤差(一般)

因子 A	水準				
	A_1	$\cdots$	A_i	$\cdots$	A_a
XXX(xx)	xxx	$\cdots$	xxx	$\cdots$	xxx
XXXX(xx)	$x_{11}-\overline{x}_{1\bullet}$	$\cdots$	$x_{1j}-\overline{x}_{i\bullet}$	$\cdots$	$x_{a1}-\overline{x}_{a\bullet}$
	$\vdots$		$\vdots$		$\vdots$
	$x_{1j}-\overline{x}_{1\bullet}$	$\cdots$	$x_{ij}-\overline{x}_{i\bullet}$	$\cdots$	$x_{aj}-\overline{x}_{a\bullet}$
	$\vdots$		$\vdots$		$\vdots$
	$x_{1r}-\overline{x}_{1\bullet}$	$\cdots$	$x_{ir}-\overline{x}_{i\bullet}$	$\cdots$	$x_{ar}-\overline{x}_{a\bullet}$

2.5　1元配置の解析手順

③　総平方和 (S_T)

各データに対して，(データ) − (全平均)を求め，2乗して足すと総平方和が求められる．表2.13を作成し，各セルの値を2乗して足せばよい．

一般的には，(データ) − (全平均)は，

$$x_{ij} - \bar{x}_{\cdot\cdot}, \ i=1, \cdots, a, \ j=1, \cdots, r$$

である．表2.13に対応する表を作成すると，表2.18のようになる．セルの値を2乗すると，

$$S_T = \sum_{i=1}^{a} \sum_{j=1}^{r} (x_{ij} - \bar{x}_{\cdot\cdot})^2$$

である．

表2.18　データと全平均との差(一般)

	水準				
因子 A	A_1	$\cdots$	A_i	$\cdots$	A_a
XXX(xx)	xxx	$\cdots$	xxx	$\cdots$	xxx
XXXX(xx)	$x_{11} - \bar{x}_{\cdot\cdot}$	$\cdots$	$x_{1j} - \bar{x}_{\cdot\cdot}$	$\cdots$	$x_{a1} - \bar{x}_{\cdot\cdot}$
	$\vdots$		$\vdots$		$\vdots$
	$x_{1j} - \bar{x}_{\cdot\cdot}$	$\cdots$	$x_{ij} - \bar{x}_{\cdot\cdot}$	$\cdots$	$x_{aj} - \bar{x}_{\cdot\cdot}$
	$\vdots$		$\vdots$		$\vdots$
	$x_{1r} - \bar{x}_{\cdot\cdot}$	$\cdots$	$x_{ir} - \bar{x}_{\cdot\cdot}$	$\cdots$	$x_{ar} - \bar{x}_{\cdot\cdot}$

手順5　自由度を求める．
- 因子 A の平方和の自由度　$\phi_A =$ (水準数) $- 1 = a - 1$
- 誤差平方和の自由度　$\phi_e =$ (水準数) $\times$ (繰返し数 $- 1$) $= a(r - 1)$
- 総平方和の自由度　$\phi_T =$ (全データ数) $- 1 = ar - 1$

手順6　平均平方を求める．

平均平方は平方和÷自由度で求められる．ただし，総平方和に対しては求め

ない. 具体的には以下のとおり.

- 因子 A の平均平方　$V_A = S_A/\phi_A = S_A/(a-1)$
- 誤差の平均平方　$V_e = S_e/\phi_e = S_e/[a(r-1)]$

手順7　分散比を求めて, 以上を分散分析表(表2.19)にまとめる.
　分散比は $F_0 = V_A/V_e$ である.

表2.19　分散分析表

要因	平方和	自由度	平均平方	F_0
因子 A	S_A	ϕ_A	V_A	V_A/V_e
誤差 e	S_e	ϕ_e	V_e	
合計 T	S_T	ϕ_T		

手順8　因子 A の効果を検定する.
　　帰無仮説 H_0：因子 A に効果がない(式で表すと $\sigma_A^2 = 0$).
　　対立仮説 H_1：因子 A に効果がある(式で表すと $\sigma_A^2 > 0$).
　有意水準 $\alpha = 0.05$ とすると, $F_0 \geq F(\phi_A, \phi_e; 0.05)$ のとき帰無仮説を棄却する. このとき, 「有意である」といい, 「因子 A に効果がある」といえる. 逆に, $F_0 < F(\phi_A, \phi_e; 0.05)$ のとき, 帰無仮説を棄却しない. このとき, 「有意でない」といい, 「因子 A に効果がある」とはいえない.
　有意水準 $\alpha = 0.05$ である場合, 有意水準 $\alpha = 0.01$ でも検定する. つまり, $F_0 \geq F(\phi_A, \phi_e; 0.01)$ のとき, 高度に有意であるという.
　習慣として, 有意であるとき, 「*」マークを1つ, 高度に有意であるときは「*」マークを2つ(**), 表2.11のように F_0 の横に付けておく. こうすると, 分析結果のすべてを一つの表で示すことができる.

手順9　最適水準の選択する.
　特性値は高ければ高いほうがよいのか, 低ければ低いほうがよいのか確認す

る．高ければ高いほうがよい特性のことを望大特性，低ければ低いほうがよい特性のことを望小特性ということもある．

各水準の平均値で選ぶ場合，

$$\overline{x}_{1\bullet}, \cdots, \overline{x}_{a\bullet}$$

のうち，最も大きい(小さい)値に対応する水準が最適水準である．

信頼区間を用いる場合，

$$\overline{x}_{i\bullet} \pm t(\phi_e, \alpha)\sqrt{\frac{V_e}{r}}, i=1, \cdots, a$$

にもとづいて選択する．

選び方の詳細は 2.4.3 項を参照してほしい．

2.6 分散分析とは

n 個のデータ $x_1, \cdots, x_n$ があったとき，分散は，

$$V = \frac{\sum_{i=1}^{n}(x_i - \overline{x})^2}{n-1}$$

と計算される．$\overline{x}$ は n 個のデータの平均値である．分散の分子は，

「データから平均値を引いて，2 乗したものの合計」

という形になっている．ここで，S_A, S_e, S_T を見てみよう．すべてそのような形になっている．S_A だけ，平均値から平均値を引いた形になっているが，各水準の平均値をさらに平均すると全平均になるので，各水準の平均値をデータと思えば同じ形である．さらに，分散分析表(表 2.12)を見てもわかるように，

$$S_T = S_A + S_e$$

になっている．総平方和は，因子 A の平方和と誤差平方和に分解できる．このことを平方和の分解という．分析とは，要素に分けて全体を説明することだから，これは平方和分析である．平方和は，分散の分子の部分であるということで，分散を分析する，分散分析とよばれる．また，自由度についても，同様

の分解,
$$\phi_T = \phi_A + \phi_e$$
が成り立つ.

実はこの分解,奇妙なのである. S_T は表 2.13, S_A は表 2.10, S_e は表 2.11 から計算されている. 表 2.10 の値と表 2.11 の値を足すと表 2.13 の値になる. これは,表 2.13 の値は(データ－全平均), 表 2.10 の値は(各水準の平均値－全平均), 表 2.11 は(データ－各水準の平均値)であるので, 当然である. しかし, 平方和の分解とは, (データ－全平均)を 2 乗したものが, (各水準の平均値－全平均)の 2 乗と(データ－各水準の平均値)の 2 乗の足し算になることである. 普通は,

(データ－全平均)^2
　= [(データ－各水準の平均値) － (各水準の平均値－全平均)]^2
　= (データ－各水準の平均値)^2 ＋ (各水準の平均値－全平均)^2
　　－ 2(データ－各水準の平均値)(各水準の平均値－全平均)

となるはずであるが, (データ－各水準の平均値)(各水準の平均値－全平均)の部分がなくなっている. つまり, ゼロというわけである.

本書で説明する実験計画は, このような性質をもったものばかりである. このほうが, 分析する際に都合がよいのである. なぜ, 都合がよいのかは, 込み入った説明が必要なので省略する. 興味のある読者は, 田口玄一ほかによる『確率・統計』(日本規格協会)などを参照してほしい.

2.7　1元配置の実際

羽の長さだけに注目したように, 1つの因子だけを取り上げて行う実験において, その因子に効果があるかどうかの検定は, 実際上, 意味があるだろうか. 効果があるかどうかを調べるということは, 水準の変化に応じて真の値が変化するかどうかを調べるということである. つまり, 滞空時間と紙ヘリコプターの形状との関係が, あまりよくわかっていないという状況ではないか. ここまで, 説明しておいて何だが,「あまりよくわかっていないので実験をやってみ

る」という状況では，例えば8つ紙ヘリコプターをつくるなら，羽の長さだけでなく，羽の幅や台の長さ，切込み量などいろいろ変えて，異なる紙ヘリコプターを8つつくったほうがよいと思われる．実験計画法に即して実験を行うなら，直交配列表というものを用いて実験を行うべきだが，そうするのがよいだろう．1つの因子だけ取り上げるというのは，効果があることはすでにわかっており，「変化の仕方」について詳しく知りたいときである．本実験においては，羽の長さを変えると，滞空時間が変化することはわかっており，短すぎてもだめ，長過ぎてもだめ，という状況で，どれくらいの長さが最適かを求めることが，本来の目的である．

また，1元配置で最適な羽の長さを決めた後，他の部分は動かさないほうがよいであろう．例えば，羽の幅を変えると，最適な羽の長さも変わってしまう可能性があるからである．このようなことをしたい場合は，羽の長さと羽の幅の2つの因子を同時に取り上げ，第4章で述べる2元配置を行うべきである．

1元配置は，紙ヘリコプターのような設計において，最終段階のチューニングという役割がほとんどである．羽の長さのように，因子が連続な値をとれるものであるならば，2.4.3項で説明したやり方だけでなく，回帰分析で関数を当てはめて，最適水準を選ぶのもよい．

2.8　1元配置のその他の例

前節までは，紙ヘリコプター実験をとおして，1元配置の実験と分析の内容について詳しく解説したが，この節では，1989年に日本規格協会から出版された森口繁一著『新編　統計的方法　改訂版』のp.143の例を題材として解説していく．

例　フェライトコア(金属酸化物の粉末を焼き固めて作った磁性材料)の製造工程がある．A_1, A_2, A_3, A_4の4通りの原料粉末の配合方法のうち，製品の比透磁率(磁化のしやすさの指標)について最適な配合方法を検討したい．なお，比透磁率は高いほうが望ましい．そこで各水準において5回ずつ焼成処

理を行って，比透磁率の違いを調べる．

手順1 特性，因子，水準，繰返し数を決める．
- 特性値：フェライトコアの比透磁率
- 因子：原料粉末の配合方法
- 水準：具体的な原料粉末の配合方法．4通りあり，A_1, A_2, A_3, A_4である．
- 繰返し数：5回

手順2 実験の順序をランダムに決め，実験を行う．

① 実験方法と注意

4(水準数)×5(繰返し数) = 20回の実験をランダムな順序で行う．いくつかの種類の原料粉末を混合して焼き固め，比透磁率を測定するわけだが，原料粉末を配合するところから実験が始まっていることに注意する．すなわち，20回の実験において，配合および焼成はその都度，行わなければならない．そうすることによって，微妙な配合のズレや，焼成時の温度のズレが実験誤差としてデータに反映され，製造条件の最適性としての意味をなすからである．よって，実験は以下のように行う．

「A_1, A_2, A_3, A_4と書いたカードを5枚ずつ用意し，ランダムに抜く．書かれてある水準の配合を行い，焼成し，比透磁率を測定する」

② 行ってはならない実験方法(その1)

「A_1, A_2, A_3, A_4と書いたカードを1枚ずつ用意し，ランダムに抜く．書かれてある水準の配合を行い，焼成する．それらを5つに分けて，比透磁率を測定する」

20個でのデータが得られるが，配合時のズレ，焼成時の温度のズレが各水準において1回ずつしか生じないので，たまたま良かったり，悪かったりする

ことによる影響が大きすぎる．これでは 20 回の実験データにおける誤差はランダムにならない．この方法で最適水準を選ぶと，実験時においては成績が良かったが，実際製造してみると思ったよりも成績が良くなかったということが生じる可能性が大きい．このような実験は，測定を繰り返したのと同じである．

③ 行ってはならない実験方法(その 2)

「A_1, A_2, A_3, A_4 と書いたカードを 1 枚ずつ用意し，ランダムに抜く．まず，書かれてある水準の配合を行う．それらを 5 つに分ける(分割する)．これをすべての水準で行い，焼成用のサンプルを 20 個作成し，これらをランダムな順序で焼成し，比透磁率を測定する」

良さそうに見えるが，各水準における配合は 1 回しか行わないので，配合時のズレは各水準において 1 回しか生じない．各水準に 5 つのデータがあるが，これらは配合時のズレが共通しており，このズレが実験誤差になることから，データはランダムな誤差をもっていない．上記②よりは，マシな実験方法ではあるが，配合において偶然良かったり，悪かったりする要素による影響が大きいので，やはり，実際の製造時に思ったほどの効果が得られないことがある．

④ 実験方法のまとめ

実験を効率よく済まそうとすると，かえってうまくいかない．実験をランダムな順序で行うことは，大変手間がかかることである．しかし，その手間は実験誤差を正当に生じさせるためである．実験誤差とは，実験を行ったときの温度や湿度などの環境の違い，何か作業を行ったときに生じる作業のズレや設定値からのズレがデータとして反映されたものである．効率をよくするために作業を省くと，ズレも省かれる．これは，本来評価したい誤差を隠すことであるので，手間をかけるほうが，後ほどうまくいくのである．

手順 3 データをグラフ化し，考察する．

表 2.20 のデータ，各水準の平均値，全平均をグラフ化する(図 2.5)．

表 2.20 実験データと各水準の平均値, 全平均

水準(i)	A_1	A_2	A_3	A_4
	10.8	10.7	11.9	11.4
	9.9	10.6	11.2	10.7
	10.7	11.0	11.0	10.9
	10.4	10.8	11.1	11.3
	9.7	10.9	11.3	11.7
各水準の平均値	10.3	10.8	11.3	11.2
全平均	10.9			

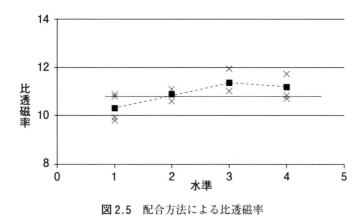

図 2.5 配合方法による比透磁率

手順 4 平方和を計算する.

表 2.21〜表 2.23 について表中の数値を 2 乗して足すと平方和が求まる.

$S_A = 3.10$, $S_e = 2.18$, $S_T = 5.28$

手順 5 自由度の計算を求める.

・因子 A の平方和の自由度　$\phi_A = (水準数) - 1 = 4 - 1 = 3$

2.8　1元配置のその他の例

表 2.21　S_A の計算表

水準(i)	A_1	A_2	A_3	A_4
	− 0.6	− 0.1	0.4	0.3
	− 0.6	− 0.1	0.4	0.3
	− 0.6	− 0.1	0.4	0.3
	− 0.6	− 0.1	0.4	0.3
	− 0.6	− 0.1	0.4	0.3

表 2.22　S_e の計算表

水準(i)	A_1	A_2	A_3	A_4
	0.5	− 0.1	0.6	0.2
	− 0.4	− 0.2	− 0.1	− 0.5
	0.4	0.2	− 0.3	− 0.3
	0.1	0.0	− 0.2	0.1
	− 0.6	0.1	0.0	0.5

表 2.23　S_T の計算表

水準(i)	A_1	A_2	A_3	A_4
	− 0.1	− 0.2	1.0	0.5
	− 1.0	− 0.3	0.3	− 0.2
	− 0.2	0.1	0.1	0.0
	− 0.5	− 0.1	0.2	0.4
	− 1.2	0.0	0.4	0.8

- 誤差平方和の自由度　$\phi_e = $（水準数）×（繰返し数 -1）$= 4 \times (5-1)$
  $= 16$
- 総平方和の自由度　$\phi_T = $（全データ数）$-1 = 20-1 = 19$

手順6　平均平方を求める．
- 因子 A の平均平方　$V_A = S_A/\phi_A = 3.10/3 = 1.0333$
- 誤差の平均平方　$V_e = S_e/\phi_e = 2.18/16 = 0.1363$

手順7　分散比を求めて，以上を分散分析表（**表 2.24**）にまとめる．
- 分散比　$F_0 = V_A/V_e = 1.0333/0.1363 = 7.584$

表 2.24　分散分析表

要因	平方和	自由度	平均平方	F_0（分散比）
因子 A	3.10	3	1.0333	7.584 **
誤差	2.18	16	0.1363	
合計	5.28	19		

手順8　因子 A の効果を検定する．

　　帰無仮説 H_0：因子 A に効果がない（式で表すと $\sigma_A^2 = 0$）．

　　対立仮説 H_1：因子 A に効果がある（式で表すと $\sigma_A^2 > 0$）．

　有意水準 $\alpha = 0.05$ とすると，$F_0 \geq F(\phi_A, \phi_e; 0.05) = F(3, 16; 0.05) = 3.24$ のとき帰無仮説を棄却する．$F_0 = 7.584$ なので有意であり，因子 A に効果があるといえる．

　$F(\phi_A, \phi_e; 0.01) = F(3, 16; 0.01) = 5.29$ であるから，高度に有意である．

手順9　最適水準を選択する．

　比透磁率は高いほうがよいので，**表 2.20** の各水準の平均値が最も高い第3水準が最適水準である．

第3章
実験が複数日にわたってしまう場合の工夫
(乱塊法)

3.1 はじめに

1回の実験に多くの時間を費やしてしまうことはないだろうか．紙ヘリコプターの場合，作成にそれほど時間がかからないため，1日で終わるような実験を組むことが可能であるが，実際には実験が複数の日にわたってしまうことが，しばしばあるだろう．実験が長期にわたると，実験環境を統一することが難しくなり，その影響で実験誤差が大きくなることがよくある．実験が複数日にわたり，その影響による実験誤差のことを日間変動とよぶこともある．

本章では，このような状況下で，因子の効果を精度よく解析するための方法を説明する．

3.2 実験順序の工夫

第2章と同様に，紙ヘリコプターの羽の長さを因子とする1元配置を行うとする．水準も同様に，A_1: 6.0 cm, A_2: 6.5 cm, A_3: 7.0 cm, A_4: 7.5 cm の4水準とする．ここでの実験の繰返しは，5回としよう．また，1回の実験に時間がかかり，すべての実験を終えるまでに複数日が必要であるとする．

紙ヘリコプターは，紙でできているため湿度の影響を大きく受ける．羽の長さが同じ6.0 cm の紙ヘリコプターであっても，湿度の高い日には滞空時間が短くなり，低い日には長くなる．第2章のように，20回の実験をランダムな順序で行い，そのまま分散分析を行うと，誤差平方和に湿度の違いも算入されてしまう．そうすると，羽の長さ(因子 A)の効果を評価しにくくなる．湿度

の違いを考慮した分析を行うためには，全部で4水準×5回繰返し= 20回の実験を，どのように行えばよいだろうか．

乱塊法とよばれる順序で実験を行えば，実験誤差を日間変動と日内における実験誤差(日内変動)とに分けることができ，日内変動を誤差平方和として，因子の効果を分析することができる．つまり，日間変動が湿度の違いによる滞空時間のばらつきであるから，このような状況下では，乱塊法で実験を行うとよい．

乱塊法では，一揃いの水準を1日で，ランダムな順序で実験を行う．つまり，1日に A_1 : 6.0 cm, A_2 : 6.5 cm, A_3 : 7.0 cm, A_4 : 7.5 cm のすべての水準を1回ずつ実験する．その際の実験順序はランダムに決める．例えば，1日目の実験は A_2, A_1, A_3, A_4 であり，2日目の実験が A_3, A_4, A_1, A_2 という具合である．繰返しを5回としているので，実験を終えるまでに5日間必要である．5日間の実験順序を示すと，**表3.1**のようになる．また，日のように，実験のまとまりを形成する単位のことを**ブロック因子**という．

表3.1 実験の順序

		因子 A : 羽の長さ (cm)			
		A_1	A_2	A_3	A_4
		6.0	6.5	7.0	7.5
日 (ブロック因子)	R_1 : 1日目	2	1	3	4
	R_2 : 2日目	7	8	5	6
	R_3 : 3日目	11	10	9	12
	R_4 : 4日目	15	14	16	13
	R_5 : 5日目	17	19	18	20

ブロック因子は因子という名前がついているが，羽の長さのような因子とは特徴がまったく異なることに注意する必要がある．羽の長さのような因子は，特性値(滞空時間)にどのような影響(変化)を与えているかを調べるために取り

上げたものであり，最適な水準を選択することに実験目的上の意味がある．しかし，ブロック因子である日は，実験日が変わると滞空時間がどのように変化するかを知るために取り上げた因子ではなく，実験環境の変化に対して実験誤差を不当に大きくしないための工夫として導入したものである．各実験日を水準と見立てることで，最適水準の選択のようなことは形式的にはできるが，その選択には再現性もなく，実験目的上の意味もない．例えば，2日目の紙ヘリコプターの滞空時間が，他の実験日よりも平均的に長く，2日目が最適水準であるといってみても，なんら意味のないことであるとわかるだろう．

3.3 実験データの解析

表3.1で示した順序で実験を行ったら，表3.2のようなデータが得られた．これを分析して，羽の長さ(因子A)に効果があるかどうかを統計にもとづいて調べよう．

表 3.2 滞空時間(実験データ)

		因子A：羽の長さ(cm)			
		A_1	A_2	A_3	A_4
		6.0	6.5	7.0	7.5
日 (ブロック因子)	R_1：1日目	4.38	4.81	5.22	3.30
	R_2：2日目	2.32	3.67	3.13	2.82
	R_3：3日目	4.41	4.17	5.23	3.65
	R_4：4日目	3.75	2.30	4.76	3.33
	R_5：5日目	4.11	3.47	4.84	3.20

3.3.1 データのグラフ化

実験の目的は，羽の長さ(因子A)を変えると滞空時間がどのように変化するかを調べることだから，基本的には，横軸を羽の長さ(因子A)，縦軸を滞

空時間にしたグラフを描けばよい．しかし，日によってひとまとまりになっているため，図 3.1 のように，それがわかるようなグラフを描く．

図 3.1 から，何となくではあるが，1 日目 (R_1) は全体的に滞空時間が長く，2 日目 (R_2) は全体的に滞空時間が短い傾向にある．本実験において，日間変動（日による実験結果の違い）があると思われる．

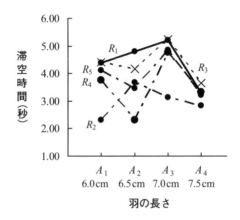

図 3.1　羽の長さと滞空時間との関係

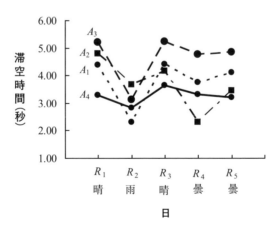

図 3.2　滞空時間の推移

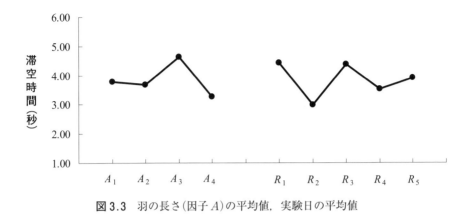

図 3.3 羽の長さ(因子 A)の平均値, 実験日の平均値

　図 3.2 のように横軸に日をとった図も描くとよい．図 3.2 は，各水準の滞空時間の時間推移を表している．羽の長さが A_3：7.0 cm の紙ヘリコプターは，相対的に，ほぼいつでも滞空時間が長い．A_3：7.0 cm が最適水準であることもこの図から予想できる．また，**図 3.1** と同様に，**図 3.2** からも 2 日目は全体的に滞空時間が短く，日間変動が大きいと考えられる．これらのことは，羽の長さ(因子 A)の平均値，実験日の平均値(**表 3.3** 参照)をプロットした図(**図 3.3**)からもわかる．

3.3.2　因子 A の効果を検証する前に

　羽の長さ(因子 A)に効果があるかどうかを統計学にもとづいて検証するための方法は，**第 2 章**と同様，分散分析と検定である．計算方法も，ほぼ同様である．しかし，その前に，**表 3.2** の実験データの表をじっくりと眺めてみよう．
　表 3.2 で重要な点は，どの羽の長さに対しても，すべての実験日において 1 回ずつ行われている点である．実験の順序をそのようにしたのだから，当たり前のことだが，このようにすることで，各水準の平均値を平等に比較できるようにしている．つまり，羽の長さが 6.0 cm でも 7.0 cm でも，湿度が高い日も低い日も，同じように実験を行っているので，6.0 cm での平均値と 7.0 cm

での平均値は,湿度の違いが平等に反映された数値になっている.他の水準でも同様である.乱塊法で実験を行った場合,各水準の平均値は,実験日による違いを考慮することなく,比較できるわけである.

さらに,実験日についても考えてみよう.どの実験日を見ても,各水準でつくられた紙ヘリコプターを1つずつ実験している.したがって,実験日における平均値は,どれも羽の長さの違いによる影響を等しく受けた値になっており,これらについても平等な比較ができる.実験日における平均値の違いは,純粋に日間変動を示したものである.

羽の長さ(因子 A)の平方和 S_A は,羽の長さ(因子 A)の効果の大きさを示しており,第2章と同様に,各水準の平均値から求められる.ゆえに,平方和 S_A は,実験日の違いによる影響とは無関係に,羽の長さ(因子 A)の効果について検証できる値である.また,実験日における平均値から計算され,日間変動の大きさを示す実験日(ブロック因子)の平方和 S_R も,羽の長さ(因子 A)の違いによる影響とは無関係に,日間変動の大きさを検証できる値である.表3.2を拡張し,因子 A における各水準の平均値,および,実験日における平均値を書き入れた表を表3.3に示す.

表3.3 滞空時間および因子 A の各水準の平均値,実験日における平均値

			因子 A:羽の長さ(cm)				実験日における平均値
			A_1	A_2	A_3	A_4	
			6.0	6.5	7.0	7.5	
日(ブロック因子)		R_1:1日目	4.38	4.81	5.22	3.30	4.428
		R_2:2日目	2.32	3.67	3.13	2.82	2.985
		R_3:3日目	4.41	4.17	5.23	3.65	4.365
		R_4:4日目	3.75	2.30	4.76	3.33	3.535
		R_5:5日目	4.11	3.47	4.84	3.20	3.905
各水準の平均値			3.794	3.684	4.636	3.260	3.844

以上のことを頭におき，分散分析へ進もう．

3.3.3 因子 A の効果の検証

第2章と同様に，羽の長さ(因子 A)の平方和 S_A を求めよう．この平方和の意味は，第2章と同様であり，羽の長さを変えたときの滞空時間の真値の変化の大きさをデータから求めたものである．この実験は，日間で変化する実験環境の下で行われているので，「滞空時間の真値」といっても明確ではない．しかし，どの水準においても，等しくすべての環境で実験が行われているので，ここでいう真値とは，「すべての水準で等しい何らかの環境における真値」という意味である．したがって，羽の長さが $6.0\,\mathrm{cm}$ での滞空時間の真値の推定値は，$6.0\,\mathrm{cm}$ での5つのデータの平均値であり，

$$\frac{(4.38+2.32+4.41+3.75+4.11)}{5} = 3.794(秒)$$

である．羽の長さが $6.0\,\mathrm{cm}$ の紙ヘリコプターは5つあり，滞空時間の(何らかの環境における)真値の推定値は，いずれも(何らかなので)3.794秒である．同様にして，他の水準で作成した紙ヘリコプターについても真値を，各水準の平均値で推定すると表 3.4 のようになる．

表 3.4 滞空時間の真値の推定値

		因子 A：羽の長さ (cm)			
		A_1	A_2	A_3	A_4
		6.0	6.5	7.0	7.5
日 (ブロック因子)	R_1：1日目	3.794	3.684	4.636	3.260
	R_2：2日目	3.794	3.684	4.636	3.260
	R_3：3日目	3.794	3.684	4.636	3.260
	R_4：4日目	3.794	3.684	4.636	3.260
	R_5：5日目	3.794	3.684	4.636	3.260

表3.4から,羽の長さ(因子A)の平方和S_Aを求めよう.全平均は,

$$\frac{(4.38+4.81+\cdots+4.84+3.20)}{20} = \frac{76.11}{20} = 3.8435(秒)$$

である.各紙ヘリコプターにおいて,滞空時間の真値の推定値と全平均の差(表3.5)の2乗を求め,それらを合計したものが羽の長さ(因子A)の平方和S_Aである.表3.5中の値の意味,平方和の意味などは第2章と同様である.よって,

$$S_A = [(-0.0495)^2 + (-0.1595)^2 + (0.7925)^2 + (-0.5835)^2] \times 5$$
$$= 4.982095$$

である.

表3.5 各羽の長さに対する滞空時間の真値の推定値と全平均の差

		因子A:羽の長さ (cm)			
		A_1	A_2	A_3	A_4
		6.0	6.5	7.0	7.5
日	R_1:1日目	-0.0495	-0.1595	0.7925	-0.5835
	R_2:2日目	-0.0495	-0.1595	0.7925	-0.5835
	R_3:3日目	-0.0495	-0.1595	0.7925	-0.5835
	R_4:4日目	-0.0495	-0.1595	0.7925	-0.5835
	R_5:5日目	-0.0495	-0.1595	0.7925	-0.5835

次に,実験日の平方和S_Rを求めよう.この平方和は,実験日の違いによる滞空時間の真値の違いを示すものである.どの実験日を見ても,すべての大きさの紙ヘリコプターに対して実験が行われているので,実験日における平均的な紙ヘリコプターに対する滞空時間の真値という意味である.その真値の推定値は,各実験日における4つのデータの平均値である.したがって,各紙ヘリコプターにおいて,実験日における滞空時間の真値の推定値(実験日におけるデータの平均値)と全平均の差(表3.6)の2乗を求め,それらを合計したもの

3.3 実験データの解析

表 3.6 各実験日に対する滞空時間の真値の推定値と全平均の差

		因子 A：羽の長さ (cm)			
		A_1	A_2	A_3	A_4
		6.0	6.5	7.0	7.5
日	R_1：1 日目	0.5840	0.5840	0.5840	0.5840
	R_2：2 日目	− 0.8585	− 0.8585	− 0.8585	− 0.8585
	R_3：3 日目	0.5215	0.5215	0.5215	0.5215
	R_4：4 日目	− 0.3085	− 0.3085	− 0.3085	− 0.3085
	R_5：5 日目	0.0615	0.0615	0.0615	0.0615

が，実験日の平方和 S_R である．よって，

$$S_R = [(0.5840)^2 + (-0.8585)^2 + (0.5215)^2 + (-0.3085)^2 + (-0.0615)^2] \times 4$$
$$= 5.795980$$

である．

誤差平方和 S_e を求める．第 2 章の 1 元配置では，因子 A の各水準において，データとその水準の平均値と差が誤差であった．例えば，羽の長さが 6.0 cm (A_1) においては，1 日目に作成した紙ヘリコプターの誤差は，

$$4.38 - 0.586 = -3.794$$

のように求めていた．また，同様の羽の長さで 2 日目に作成した紙ヘリコプターの誤差は，

$$2.32 - 3.794 = -1.474$$

のように計算していた．他の紙ヘリコプターについても同様の計算で誤差を求め，これらの 2 乗を合計して誤差平方和 S_e を求めていたが，これでよいであろうか．1 日目に作成した紙ヘリコプターの誤差と，同様の羽の長さで 2 日目に作成した紙ヘリコプターの誤差は，それぞれ 1 日目と 2 日目の実験環境の違いも含まれている．乱塊法における誤差は，実験における日内変動による実験誤差であったから，このような計算では，誤差平方和は求まらない．そこで，

次のように考える.

　まず，標準実験環境における，標準紙ヘリコプターの滞空時間の真値を μ としよう．標準実験環境とは，室温や湿度などの平均的な条件のことである．この μ は仮想的なもので，実際の実験で得られたデータに対応するものではない．実際は，標準実験環境からいくらか逸脱した環境において，標準紙ヘリコプターからもいくらか逸脱したものが実験される．紙ヘリコプターの逸脱度を α とし，環境の逸脱度を β とすると，実際のデータは，

　　　(データ) = $\mu + \alpha + \beta +$ (誤差)

である．μ は標準実験環境における，標準紙ヘリコプターの滞空時間の真値だから全平均で推定される．$\mu + \alpha$ は，標準紙ヘリコプターから α だけ逸脱したもので，実験環境は逸脱していないときの滞空時間の真値だから，ある水準の平均値で推定される．$\mu + \beta$ は，実験環境が β だけ逸脱し，紙ヘリコプターは標準から逸脱していないときの滞空時間の真値だから，ある実験日の平均値で推定される．したがって，

　　　(データ) − (ある水準の平均値) = $\beta +$ (誤差)

となり，さらに，

　　　(データ) − (ある水準の平均値) + (全平均)
　　　　= $\mu + \beta +$ (誤差)
　　　　= (ある実験日の平均値) + (誤差)

より，

　　　(データ) − (ある水準の平均値) − (ある実験日の平均値) + (全平均)
　　　　= (誤差)

という計算式で誤差が求まる(表 3.7)．表 3.7 の値を 2 乗して，合計したものが，誤差平方和 S_e である．したがって，

　　　$S_e = 4.04158$

である．

　総平方和 S_T は，各データと全平均の差の 2 乗の合計であるので，

　　　$S_T = 14.819655$

3.3 実験データの解析

表 3.7 乱塊法における誤差

		因子 A：羽の長さ (cm)			
		A_1	A_2	A_3	A_4
		6.0	6.5	7.0	7.5
日	R_1：1日目	0.0020	0.5420	0.0000	$-$ 0.5440
	R_2：2日目	$-$ 0.6155	0.8445	$-$ 0.6475	0.4185
	R_3：3日目	0.0945	$-$ 0.0355	0.0725	$-$ 0.1315
	R_4：4日目	0.2645	$-$ 1.0755	0.4325	0.3785
	R_5：5日目	0.2545	$-$ 0.2755	0.1425	$-$ 0.1215

である．

ここで，各平方和の関係を見ておくと，

$$S_A + S_R + S_e = 4.982095 + 5.795980 + 4.04158$$
$$= 14.819655 = S_T$$

となり，平方和の分解が成り立つ．

羽の長さ(因子 A)，および，実験日(ブロック因子)の平方和の自由度は，いずれも(水準数) $-$ 1 で求まる．羽の長さ(因子 A)の平方和 S_A の自由度は，

$$\phi_A = 4 - 1 = 3$$

である．実験日(ブロック因子)の平方和 S_R の自由度は，

$$\phi_R = 5 - 1 = 4$$

である．誤差平方和の自由度は，$\phi_T = \phi_A + \phi_R + \phi_e$ の関係を利用すると，

$$\phi_e = \phi_T - \phi_A - \phi_R = 19 - 3 - 4 = 12$$

である．これは，$\phi_e = \phi_A \times \phi_R$ でもある．

以上より，平均平方を求める．羽の長さ(因子 A)の平均平方 V_A は，

$$V_A = \frac{S_A}{\phi_A} = \frac{4.982095}{3} = 1.6607$$

である．実験日(ブロック因子)の平均平方 V_R は，

$$V_R = \frac{S_R}{\phi_R} = \frac{5.795980}{4} = 1.4490$$

である．誤差の平均平方 V_e は，

$$V_e = \frac{S_e}{\phi_e} = \frac{4.04158}{12} = 0.336798$$

である．

乱塊法は実験順序の工夫であり，本実験の目的は1元配置である．すなわち，羽の長さ(因子 A)の効果を調べることが目的である．したがって，V_A と V_e との比較が第一義である．これは，羽の長さ(因子 A)の効果が日内変動に対して十分な大きさをもつかどうかを調べていることになる．第二義として V_R と V_e との比較もできる．これは，日内変動を上回る日間変動が存在しているかどうかを調べていることになる．

羽の長さ(因子 A)の効果の検証における帰無仮説 H_0 と対立仮説 H_1 は，

H_0：羽の長さ(因子 A)に効果がない

H_1：羽の長さ(因子 A)に効果がある

である．有意水準 α を 0.05(5%)とすると，棄却域は，

$$F_0 \geq F(\phi_A, \phi_e ; \alpha)$$

である．この実験での棄却限界値は，

$$F(\phi_A, \phi_e ; \alpha) = F(3, 12 ; 0.05) = 3.49$$

である．$F_0 = \dfrac{V_A}{V_e} = \dfrac{1.6607}{0.33680} = 4.93$ であるので，有意水準 0.05 で帰無仮説を棄却する．ゆえに，羽の長さを変えると滞空時間の真値が変化する(効果がある)といえる．

実験日(ブロック因子)の違いによる変動(日間変動)の検証における帰無仮説 H_0 と対立仮説 H_1 は，

H_0：実験日(ブロック因子)の違いによる変動がない

H_1：実験日(ブロック因子)の違いによる変動がある

である．有意水準 α を 0.05(5%)とすると，棄却域は，

$F_0 \gtreqless F(\phi_R, \phi_e ; \alpha)$

である.この実験での棄却限界値は,

$F(\phi_R, \phi_e ; \alpha) = F(4, 12 ; 0.05) = 3.26$

である.$F_0 = \dfrac{V_R}{V_e} = \dfrac{1.4490}{0.33680} = 4.302$ であるので,有意水準 0.05 で帰無仮説を棄却する.したがって,実験日の違いによる変動があるといえる.

最後に,以上の結果を分散分析表にまとめておく(表 3.8).

表 3.8 分散分析表

要因	平方和	自由度	平均平方	F_0	
羽の長さ(因子 A)	4.982	3	1.661	4.931	*
実験日 (ブロック因子 R)	5.796	4	1.449	4.302	*
誤差	4.042	12	0.337		
合計	14.820	19			

3.4 最適水準の選択

各実験日を水準と見立てることで,ブロック因子について最適水準を選択するようなことは形式的にはできるが,その選択には再現性がなく,意味がない.乱塊法においては,羽の長さのような因子だけに対して,最適水準を選択する意味がある.

本実験においては,滞空時間の長い紙ヘリコプターが最適であるため,各水準の平均値が最も大きい水準が最適水準である.表 3.3 や図 3.3 より,A_3 水準の平均値が最も高いので,最適な紙ヘリコプターは,羽の長さが 7.0 cm のものである.

3.5 その他の例

乱塊法は実験計画法らしい実験なので,いくつかの例を挙げておく.これらの例をとおして,乱塊法のイメージを得てほしい.

例1 農業における収穫量の改善実験

配合の異なる2種類の肥料(A, B)を与えて,作物の収穫量に違いがあるかどうか明らかにしたい.ここで問題となるのは実験の方法であり,以下に示す3つの方法のうち,どちらが好ましいであろうか.

(実験1) 図3.4の実験方法1のように,畑を2分割してA, Bの肥料をまいた.ただし,どちらの区画にどちらの肥料をまくかは,ランダムに決める.

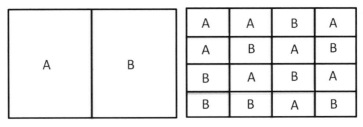

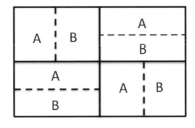

図3.4 2種類の肥料のまき方

(実験2) 図3.4の実験方法2のように，畑を細かく分割して，どの区画にどちらの肥料をまくかはランダムに決める．

(実験3) 図3.4の実験方法3のように，畑をいくつかのブロックに分割し，それぞれのブロックをさらに2分割してA，Bの肥料をまいた．ただし，各ブロック内の区画にどちらの肥料をまくかは，ランダムに決める．

答えは(実験3)である．作物の収穫量に影響を与える要因は，実験にとりあげた因子である肥料のほかに，土地にもとから含まれている養分の違いや日当たりなどが影響するからである．3通りの実験方法で，どのように解析結果が異なるかを考えてみよう．

(実験1) 肥料Aの区画のほうが，肥料Bの区画より水はけが良いとし，水はけが収穫量に影響を与えるとする．肥料Aと肥料Bにおける収穫量の差は，水はけの違いを含んでいる．したがって，この実験において肥料の違いによる収穫量の差を適切に調べることはできない．

(実験2) 水はけが収穫量に影響を与えるとし，農地の右側より左側のほうが水はけが良いとする．ただし，区画内では水はけの程度は同じとする．どちらの肥料をどの区画にまくかはランダムに決められているので，水はけの良い区画に肥料Aまたは肥料Bをまく確率と，水はけの悪い区画に肥料Aまたは肥料Bをまく確率は等しい．よって，水はけの良し悪しが，肥料Aと肥料Bにおける収穫量に与える影響は，確率的ではあるが，等しくなる．したがって，肥料Aと肥料Bにおける収穫量の違いは，肥料Aと肥料Bによる違いであり，この点においては問題がない．しかし，水はけの良し悪しが収穫量に与える影響は，ランダムにまくことにより，確率的にばらばらになり，実験誤差になる．それぞれの肥料における区画ごとの収穫量はばらつきがある

が，そのばらつきは水はけの良し悪しを反映しているということである．よって，この実験方法では誤差が大きくなり，肥料による違いを感度よく見つけることができない．この点を改善した方法が実験方法3である．

(実験3) 水はけが収穫量に影響を与えるとし，農地の右側より左側のほうが水はけがよいとする．ただし，ブロック内では水はけの程度は同じとする．水はけの程度が同じであるブロック内に肥料Aと肥料Bをまいているので，同一ブロック内の収穫量は，水はけの程度による影響を受けない．もちろん，ブロックが異なれば水はけの程度が違うので，ブロック間における収穫量は水はけの程度の影響を受ける．したがって，同一ブロックにおける肥料Aと肥料Bの収穫量で差をとると，水はけの程度による影響は打ち消される．よって，各ブロックにおいて，肥料Aと肥料Bの収穫量の差をとり，それらを平均すれば，全体において肥料Aと肥料Bの収穫量への影響を解析することができる．

このブロックは，紙ヘリコプター実験で取り上げた"日"と同じであり，肥料Aと肥料Bを用いた2水準1元配置の乱塊法による実験である．

例2　タイヤの品質改善実験

あるタイヤ製造企業では，寿命向上のため，新たに3種類のタイヤを開発した．どの種類がよいか実験によって確かめたい．そこで，新種類のタイヤと現行のタイヤ，計4種類のタイヤの寿命を比較する．つまり，4水準の1元配置による実験である．

この実験も乱塊法で行うとよい．タイヤを取り付ける自動車をブロックとした1元配置で解析すると，タイヤの寿命を精度よく分析できる．自動車をブロックとするというのは，4種類のタイヤを1台の自動車に取り付けるという

ことである．これにより，自動車が走行する環境による影響が，どの種類のタイヤにも平等に入るのである．

本実験は，テストコース，および，プロのドライバーで実験するのではなく，より現実に近い状況で実験することを想定している．自動車の走行環境が実験環境であり，精度よく分析するためには，実験環境の統一として自動車をブロックとしているのである．

3.6 乱塊法の解析手順

手順1 特性，因子，水準，ブロック因子，ブロック数を決める．

ブロック因子とは，実験環境が同一とみなせるものや単位である．紙ヘリコプター実験では日がブロック因子となり，前節の農業実験では畑の区画，タイヤ実験では自動車(走行環境)がブロック因子となり得る．

手順2 実験の順序をブロック内でランダムに決め，実験を行う．

表3.1のような実験順序の表を作成し，それに従って実験を行って表3.2のような実験データの表を作成する．

手順3 データをグラフ化し，考察する．

図3.1，図3.2，図3.3のようなグラフを作成し，ブロック間の変動，因子の効果や特性値との関係性や妥当性，外れ値などを考察する．図3.3を作成するために表3.3を作成する．

因子Aがa水準，ブロック数をrのように一般的な場合を考えると，第i水準における第jブロックにおけるデータはx_{ij}のように書ける．表3.3に相当する一般的な表記は表3.9のようになる．

手順4 平方和を計算する．
① 因子Aの平方和(S_A)

(各水準の平均値) − (全平均)を計算して表3.5(一般的な表記は表3.10)を作

表 3.9 データおよび因子 A の各水準の平均値, 各ブロックの平均値

		因子 A			ブロックの平均値
		A_1	⋯	A_a	
ブロック因子	R_1	x_{11}	⋯	x_{ar}	$\bar{x}_{\cdot 1}$
	⋮	⋮	⋮	⋮	⋮
	R_r	x_{1r}	⋯	x_{ar}	$\bar{x}_{\cdot r}$
各水準の平均値		$\bar{x}_{1\cdot}$	⋯	$\bar{x}_{a\cdot}$	$\bar{x}_{\cdot\cdot}$

表 3.10 各水準における効果の推定値

		因子 A		
		A_1	⋯	A_a
ブロック因子	R_1	$\bar{x}_{1\cdot}-\bar{x}_{\cdot\cdot}$	⋯	$\bar{x}_{a\cdot}-\bar{x}_{\cdot\cdot}$
	⋮	⋮		⋮
	R_r	$\bar{x}_{1\cdot}-\bar{x}_{\cdot\cdot}$	⋯	$\bar{x}_{a\cdot}-\bar{x}_{\cdot\cdot}$

成し, 表中の数値を 2 乗して足し合わせる. すなわち,

$$S_A = r\sum_{i=1}^{a}(\bar{x}_{i\cdot}-\bar{x}_{\cdot\cdot})^2$$

である.

② ブロック因子 R の平方和(S_R)

(各ブロックの平均値) − (全平均)を計算して表 3.6(一般的な表記は表 3.11)を作成し, 表中の数値を 2 乗して足し合わせる. すなわち,

$$S_R = a\sum_{j=1}^{r}(\bar{x}_{\cdot j}-\bar{x}_{\cdot\cdot})^2$$

である.

③ 誤差平方和(S_e)

(誤差) = (データ) − (各水準の平均値) − (各ブロックの平均値) + (全平均)で

3.6 乱塊法の解析手順

表 3.11 ブロックによる違い

		因子 A		
		A_1	⋯	A_a
ブロック因子	R_1	$\bar{x}_{\bullet 1}-\bar{x}_{\bullet\bullet}$	⋯	$\bar{x}_{\bullet 1}-\bar{x}_{\bullet\bullet}$
	⋮	⋮		⋮
	R_r	$\bar{x}_{\bullet r}-\bar{x}_{\bullet\bullet}$	⋯	$\bar{x}_{\bullet r}-\bar{x}_{\bullet\bullet}$

ある．一般的には，誤差 e_{ij} は，

$$e_{ij}=x_{ij}-\bar{x}_{i\bullet}-\bar{x}_{\bullet j}+\bar{x}_{\bullet\bullet},\ i=1,\ \cdots,\ a,\ j=1,\ \cdots,\ r$$

である．よって，表 3.6（一般的な表記は表 3.12）を作成し，表中の数値を 2 乗して足し合わせる．すなわち，

$$S_e=\sum_{i=1}^{a}\sum_{j=1}^{r}(x_{ij}-\bar{x}_{i\bullet}-\bar{x}_{\bullet j}+\bar{x}_{\bullet\bullet})^2$$

表 3.12 誤差

		因子 A		
		A_1	⋯	A_a
ブロック因子	R_1	$x_{11}-\bar{x}_{1\bullet}-\bar{x}_{\bullet 1}+\bar{x}_{\bullet\bullet}$	⋯	$x_{a1}-\bar{x}_{a\bullet}-\bar{x}_{\bullet r}+\bar{x}_{\bullet\bullet}$
	⋮	⋮		⋮
	R_r	$x_{1r}-\bar{x}_{1\bullet}-\bar{x}_{\bullet r}+\bar{x}_{\bullet\bullet}$	⋯	$x_{ar}-\bar{x}_{a\bullet}-\bar{x}_{\bullet r}+\bar{x}_{\bullet\bullet}$

である．

④ 総平方和 (S_T)

総平方和は，どのような場合でも各データと全平均の差の 2 乗の合計であるので，

$$S_T=\sum_{i=1}^{a}\sum_{j=1}^{r}(x_{ij}-\bar{x}_{\bullet\bullet})^2$$

である．

手順5 自由度を求める.

- 因子 A の平方和の自由度　$\phi_A = (水準数) - 1 = a - 1$
- ブロック因子の平方和の自由度　$\phi_R = (ブロック数) - 1 = r - 1$
- 誤差平方和の自由度　$\phi_e = (水準数 - 1) \times (ブロック数 - 1)$
$\qquad\qquad\qquad\qquad = (a-1)(r-1)$
- 総平方和の自由度　$\phi_T = (全データ数) - 1 = ar - 1$

手順6 平均平方を求める.

- 因子 A の平均平方　$V_A = \dfrac{S_A}{\phi_A} = \dfrac{S_A}{(a-1)}$

- ブロック因子の平方和の自由度　$V_R = \dfrac{S_R}{\phi_R} = \dfrac{S_R}{(r-1)}$

- 誤差の平均平方　$V_e = \dfrac{S_e}{\phi_e} = \dfrac{S_e}{(a-1)(r-1)}$

手順7 分散比を求めて,以上を分散分析表にまとめる(**表3.13**).

表3.13 分散分析表

要因	平方和	自由度	平均平方	F_0
因子 A	S_A	ϕ_A	V_A	$\dfrac{V_A}{V_e}$
ブロック因子 R	S_R	ϕ_R	V_R	$\dfrac{V_R}{V_e}$
誤差 e	S_e	ϕ_e	V_e	
合計 T	S_T	ϕ_T		

手順8 因子 A の効果およびブロック間の変動を検定する.

- 因子 A：$V_A/V_e \geqq F(\phi_A, \phi_e; \alpha)$ のとき,主効果 A は効果がある.
- ブロック因子：$V_R/V_e \geqq F(\phi_R, \phi_e; \alpha)$ のとき,ブロック間の変動があ

る．

手順9 最適水準を選択する．

ブロック因子には最適水準を選択する意味はないので，因子 A についてのみ最適水準を選択する．これは1元配置と同じなので，各水準の平均値にもとづいて選べばよい．

3.7 数値例

ここで，再び2.8節で用いた森口繁一著『新編　統計的方法　改訂版』(日本規格協会)の例を使った数値例を示す．

フェライトコア(金属酸化物の粉末を焼き固めて作った磁性材料)の製造工程がある．A_1, A_2, A_3, A_4 の4通りの原料粉末の配合方法のうち，製品の比透磁率について最適な配合方法を検討したい．なお，比透磁率は高いほうが望ましい．そこで各水準において5回ずつ焼成処理を行って，比透磁率の違いを調べたいが，1回の実験に時間がかかるので，実験日をブロック因子として，1日に A_1, A_2, A_3, A_4 の一揃いを実験する．

手順1 特性，因子，水準，ブロック因子，ブロック数を決める．
- 特性：比透磁率
- 因子，水準：原料粉末の配合方法，A_1, A_2, A_3, A_4
- ブロック因子，ブロック数：日，5

手順2 実験の順序をブロック内でランダムに決め，実験を行う．
データを表3.14のようにまとめる．

手順3 データをグラフ化し，考察する．
因子 A には効果がありそうである．ブロック間の変動も大きそうである (図3.5, 図3.6)．

表 3.14 実験データと各種平均値

水準(i)	A_1	A_2	A_3	A_4	ブロックの平均値
R_1	11.3	11.2	12.4	11.9	11.7
R_2	9.9	10.6	11.2	10.7	10.6
R_3	10.2	10.5	10.5	10.4	10.4
R_4	9.7	10.1	10.4	10.6	10.2
R_5	10.4	11.6	12.0	12.4	11.6
各水準の平均値	10.3	10.8	11.3	11.2	
全平均	10.9				

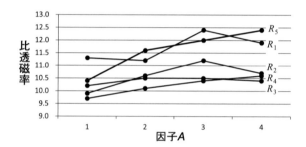

図 3.5　因子 A とブロック因子との関係

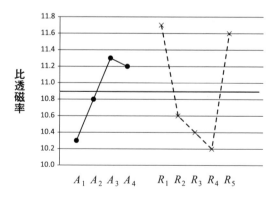

図 3.6　因子 A の主効果グラフとブロック因子の変動

3.7 数値例

手順4 平方和を計算する.

表3.15〜表3.18において表中の数値を2乗して足すと平方和が求まる.

$S_A = 3.10$, $S_R = 7.84$, $S_e = 1.46$, $S_T = 12.4$

表3.15　S_Aの計算表

水準(i)	A_1	A_2	A_3	A_4
R_1	−0.6	−0.1	0.4	0.3
R_2	−0.6	−0.1	0.4	0.3
R_3	−0.6	−0.1	0.4	0.3
R_4	−0.6	−0.1	0.4	0.3
R_5	−0.6	−0.1	0.4	0.3

表3.16　S_Rの計算表

水準(i)	A_1	A_2	A_3	A_4
R_1	0.8	0.8	0.8	0.8
R_2	−0.3	−0.3	−0.3	−0.3
R_3	−0.5	−0.5	−0.5	−0.5
R_4	−0.7	−0.7	−0.7	−0.7
R_5	0.7	0.7	0.7	0.7

表3.17　S_eの計算表

水準(i)	A_1	A_2	A_3	A_4
R_1	0.2	−0.4	0.3	−0.1
R_2	−0.1	0.1	0.2	−0.2
R_3	0.4	0.2	−0.3	−0.3
R_4	0.1	0.0	−0.2	0.1
R_5	−0.6	0.1	0.0	0.5

表3.18 S_Tの計算表

水準(i)	A_1	A_2	A_3	A_4
R_1	0.2	-0.4	0.3	-0.1
R_2	-0.1	0.1	0.2	-0.2
R_3	0.4	0.2	-0.3	-0.3
R_4	0.1	0.0	-0.2	0.1
R_5	-0.6	0.1	0.0	0.5

手順5 自由度を求める．

- 因子Aの平方和の自由度　$\phi_A = $(水準数)$- 1 = 4 - 1 = 3$
- ブロック因子の平方和の自由度　$\phi_R = $(ブロック数)$- 1 = 5 - 1 = 4$
- 誤差平方和の自由度　$\phi_e = $(水準数$- 1$)$\times$(ブロック数$- 1$)
　　　　　　　　　　　　$= 3 \times 4 = 12$
- 総平方和の自由度　$\phi_T = $(全データ数)$- 1 = 20 - 1 = 19$

手順6 平均平方を求める．

- 因子Aの平均平方　$V_A = \dfrac{S_A}{\phi_A} = \dfrac{3.10}{3} = 1.033$

- ブロック因子の平方和の自由度　$V_R = \dfrac{S_R}{\phi_R} = \dfrac{7.84}{4} = 1.960$

- 誤差の平均平方　$V_e = \dfrac{S_e}{\phi_e} = \dfrac{1.46}{19} = 0.122$

手順7 分散比を求めて，以上を分散分析表(表3.19)にまとめる．

手順8 因子Aの効果およびブロック間の変動を検定する．

① 因子A

　　$V_A/V_e \geq F(\phi_A,\ \phi_e;\alpha) = F(3,\ 12;0.05) = 3.490$ のとき，主効果Aは効果

3.7 数値例

表3.19 分散分析表

要因	平方和	自由度	平均平方	F_0
因子 A	3.10	3	1.033	8.493 **
ブロック因子 R	7.84	4	1.960	16.110 **
誤差 e	1.46	12	0.122	
合計 T	12.4	19		

がある。$F_0 = 8.493$ より有意であり,主効果 A に効果があるといえる。

さらに,$F(3, 12 ; 0.01) = 5.953$ より高度に有意である。

② ブロック因子

$V_R/V_e \geqq F(\phi_R, \phi_e ; \alpha) = F(4, 12 ; 0.05) = 3.26$ のとき,ブロック間の変動がある。$F_0 = 16.110$ より,ブロック間の変動があるといえる。さらに,$F(4, 12 ; 0.01) = 5.41$ より高度に有意である。

手順9 最適水準を選択する。

ブロック因子には最適水準を選択する意味はないので,因子 A についてのみ最適水準を選択する。これは1元配置と同じなので,各水準の平均値にもとづいて選べばよい。比透磁率は高いほうがよいので,表3.14 より配合方法 A_3(第3水準)が最適である。

第4章
2つの因子の影響を見るための実験
(2元配置)

4.1 はじめに

　紙ヘリコプターの羽の長さを長くすると，空気抵抗が増して，滞空時間が伸びると考えられる．それならば，羽の幅も長くして，羽の面積を大きくすれば，より滞空時間が長くなるのではないだろうか．羽の長さと羽の幅を変化させ，最適な羽の長さと羽の幅の組合せを探索しよう．

4.2 2元配置による実験

4.2.1 実験に取り上げる因子と水準

　紙ヘリコプターの羽の長さと羽の幅をそれぞれ因子 A，因子 B として実験を行う．羽の長さ(因子 A)の水準を A_1：3.0 cm，A_2：3.2 cm，A_3：3.5 cm のように3水準とり，羽の幅(因子 B)の水準を B_1：1.0 cm，B_2：1.2 cm，B_3：1.5 cm のように3水準とる(**表 4.1**)．

表 4.1　実験に取り上げる因子と水準

因子	第1水準	第2水準	第3水準
羽の長さ(A)	3.0 cm	3.2 cm	3.5 cm
羽の幅(B)	1.0 cm	1.2 cm	1.5 cm

4.2.2　全組合せの実験と交互作用

　実験は，羽の長さ(因子 A)と羽の幅(因子 B)の全組合せに対して行う．また，各組合せにおいて実験を繰返す．実験の繰返しは，どの組合せにおいても同数回に揃えておく．例えば，実験の繰返しを2回とすると，3(因子 A の水準数) × 3(因子 B の水準数) × 2(繰返し) = 18 回の実験が必要である．すべての実験は，第2章の1元配置と同様に，ランダムな順序で行う．そして，すべての実験が終わってから，羽の長さ(因子 A)および羽の幅(因子 B)の最適な組合せを決定する．

　実験を進めて行くと，すべての実験が終わるまでに最適な組合せが見えてくるような気がするときがある．そのような場合でも，最後まで実験を行う必要があり，コスト節約のために途中で実験をやめて，結論を出してはいけない．特に，単一因子実験とよばれる次の方法は実験回数が少なくて済むが，ほとんどおすすめできない実験方法である．

　初めに，羽の幅をある長さに固定し，羽の長さ(因子 A)について実験を行って，最適な羽の長さを選ぶ．次に，その羽の長さに固定して，羽の幅(因子 B)について実験を行って，最適な羽の幅を選ぶ．初めの実験が A_1 : 3.0 cm, A_2 : 3.2 cm, A_3 : 3.5 cm の 3 通りである．A_2 : 3.2 cm が最適だったとすると，羽の長さを 3.2 cm に固定して，羽の幅を B_1 : 1.0 cm, B_2 : 1.2 cm, B_3 : 1.5 cm の 3 通りを試すが，そのなかの 1 つはすでに最初の実験でデータがとれているので，第2段階目の実験は2回である．したがって，総実験回数は 3 + 2 = 5 回である．すべての組合せを行う2元配置は，繰返しをしない(1回)とすると，3 × 3 = 9 回である．単一因子実験のほうがコスト的に有利であるが，因子間に**交互作用**がある場合，最適な組合せを原理的に見逃す可能性があるという問題がある．

　羽の長さ(因子 A)と羽の幅(因子 B)の各組合せにおける滞空時間の真値が，図 4.1 のようになっていたとする．図 4.1 は，因子 B に対する因子 A の変化パターンが，平行移動の関係になっている状況である．この場合，羽の長さと

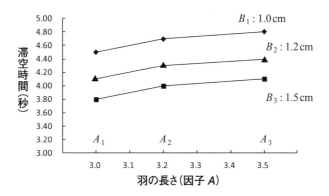

図 4.1　滞空時間の真値(その 1)

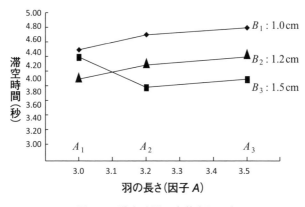

図 4.2　滞空時間の真値(その 2)

羽の幅の最適な組合せは，$3.5\,\mathrm{cm}\,(A_3)$ と $1.0\,\mathrm{cm}\,(B_1)$ である．単一因子実験でも，この最適な組合せを見つけることができる．羽の幅をある水準に固定して，最適な羽の長さを選ぶと，羽の幅をどの水準に固定するかにかかわらず，いつでも $A_3\,(3.5\,\mathrm{cm})$ である．次に，羽の長さを $A_3\,(3.5\,\mathrm{cm})$ に固定して，最適な羽の幅を探索すると，$B_1\,(1.0\,\mathrm{cm})$ である．しかし，滞空時間の真値が図 4.2 のようになっていた場合はどうであろうか．図 4.2 は，因子 B に対する因子 A の変化パターンが，平行移動の関係でない状況である．

初めに，羽の幅を $B_3 (1.5\,\text{cm})$ に固定して，最適な羽の長さを探索すると，$A_1 (3.0\,\text{cm})$ である．次に，羽の長さを $A_1 (3.0\,\text{cm})$ に固定して，最適な羽の幅を探索すると，$B_1 (1.0\,\text{cm})$ である．最適な組合せは，$A_1 (3.0\,\text{cm})$ および $B_1 (1.0\,\text{cm})$ のように選ばれるが，これは最も滞空時間の長い組合せではない．初めの実験で，羽の幅を $B_1 (1.0\,\text{cm})$ や $B_2 (1.2\,\text{cm})$ で固定した場合は，うまく本当の最適な組合せを見つけることができる．図 4.2 のような状況では，真の最適な組合せを見つけられるかどうかは運次第である．

したがって，滞空時間の真値の状態はわからないのだから，すべての組合せを実験し，どのような状況でも真の最適な組合せを見つけられるようにするのである．2 つの因子の関係が図 4.2 のようになっている場合，**2 因子交互作用**があるという．図 4.1 は 2 因子交互作用がない場合である．単一因子実験は，2 因子交互作用がない状況では成功する．したがって，2 元配置は，2 因子交互作用の存在を疑って行う実験である．

4.2.3 主効果と 2 因子交互作用効果

交互作用について，もう少し掘り下げて説明しよう．図 4.1 と図 4.2 は，表 4.2 の数値から作成した．

交互作用がない場合（図 4.1，表 4.2 の上の表）において，行の平均値と列の平均値，それと組合せでの値とを比較してみよう．羽の長さが $3.0\,\text{cm}(A_1)$ で，羽の幅が $1.0\,\text{cm}(B_1)$ の紙ヘリコプターの滞空時間の真値は，4.5 秒である．これは，

$$4.5 = (B_1\text{行の平均値})4.667 + (A_1\text{列の平均値})4.133 - (全平均)4.300$$

と分解できる．他にも，羽の長さが $3.2\,\text{cm}(A_2)$ で，羽の幅が $1.5\,\text{cm}(B_3)$ の紙ヘリコプターの滞空時間の真値である 4.3 秒は，

$$4.3 = (B_3\text{行の平均値})4.267 + (A_2\text{列の平均値})4.333 - (全平均)4.300$$

のように分解できる．以上のような分解は，他のすべての紙ヘリコプターについて可能である．つまり，交互作用がない状態というのは，羽の長さ（因子 A）と羽の幅（因子 B）での組合せ（紙ヘリコプター）での滞空時間の真値は，そ

4.2 2元配置による実験

表 4.2 図 4.1(上),図 4.2(下) における滞空時間の真値

		因子 A:羽の長さ (cm)			行の平均値
		A_1:3.0	A_2:3.2	A_3:3.5	
因子 B: 羽の幅 (cm)	B_1:1.0	4.5	4.7	4.8	4.667
	B_2:1.2	3.8	4.0	4.1	3.967
	B_3:1.5	4.1	4.3	4.4	4.267
列の平均値		4.133	4.333	4.433	4.300

		因子 A:羽の長さ (cm)			行の平均値
		A_1:3.0	A_2:3.2	A_3:3.5	
因子 B: 羽の幅 (cm)	B_1:1.0	4.5	4.7	4.8	4.667
	B_2:1.2	4.4	4.0	4.1	4.167
	B_3:1.5	4.1	4.3	4.4	4.267
列の平均値		4.333	4.333	4.433	4.367

れらの行の平均値と列の平均値,全平均で表すことができる状態である.

行や列の平均値とは何であろうか.各列の平均値は,因子 A の各水準での滞空時間の真値の平均値であり,因子 B の各水準での実験結果をすべて含んだ値である.したがって,各列の平均値 4.133,4.333,4.433(秒) を比較することは,因子 B の水準を変化させたことの影響を取り除いて(平等に受けて),因子 A の水準を変化させたことによる滞空時間の真値の変化を見ていることになる.つまり,1元配置のように因子 A の効果を見ていることになっている.行の平均値も同様であり,各行の平均値を比較することは,1元配置のように因子 B の効果を見ていることである.これらの効果のことを**主効果**という.つまり,2因子交互作用がない状態とは,滞空時間の真値が主効果のみに依存する状態である.

交互作用がある場合(**図 4.2**,**表 4.2** の下)ではどうであろうか.例えば,羽の長さが 3.0 cm (A_1) で,羽の幅が 1.0 cm (B_1) の紙ヘリコプターの滞空時間の

真値は 4.5 秒であるが，

　　$(B_1$ 行の平均値$)4.667 + (A_1$ 列の平均値$)4.333 - ($全平均$)4.367$
　　　$= 4.633$

であり，交互作用がない場合のような分解ができない．他にも試してみると，羽の長さが $3.2\,\text{cm}(A_2)$ で，羽の幅が $1.5\,\text{cm}(B_3)$ の紙ヘリコプターの滞空時間の真値である 4.3 秒もまた，

　　$(B_3$ 行の平均値$)4.267 + (A_2$ 列の平均値$)4.333 - ($全平均$)4.367$
　　　$= 4.233$

であるので，分解ができない．このことは他のすべての組合せでも成り立つ．交互作用がある場合というのは，羽の長さ(因子 A)と羽の幅(因子 B)での組合せ(紙ヘリコプター)での滞空時間の真値を，それらの行の平均値と列の平均値，全平均で表すことができない状態である．つまり，2 因子交互作用がある状態とは，滞空時間の真値が主効果だけでなく，因子 A と因子 B の組合せによる部分が含まれる状態である．その因子 A と因子 B の組合せによる部分は，

　　(滞空時間の真値) $- [(B$ 行の平均値$) + (A$ 列の平均値$) - ($全平均$)]$

である．この量を **2 因子交互作用効果**，単に **2 因子交互作用** という．また，組合せの部分であることを強調して，**組合せ効果** と表現することもある．図 4.2 (表 4.2 の下)についての 2 因子交互作用効果を表 4.3 にまとめておく．図 4.1 (表 4.1 の上)のような 2 因子交互作用がない場合では，交互作用効果はすべて 0 である．したがって，表 4.3 のすべての値を 2 乗した合計値が 0 である場合

表 4.3　図 4.2(表 4.2 下)における 2 因子交互作用効果

		因子 A：羽の長さ (cm)		
		A_1：3.0	A_2：3.2	A_3：3.5
因子 B：羽の幅 (cm)	B_1：1.0	-0.133	0.067	0.067
	B_2：1.2	0.267	-0.133	-0.133
	B_3：1.5	-0.133	0.067	0.067

2 乗の合計値 = 0.16

を2因子交互作用がない状態，0でない場合を2因子交互作用がある状態ということができる．また，表4.3のすべての値を2乗した合計値のことを2因子交互作用効果，または，単に2因子交互作用という場合もある．

以上より，2因子交互作用がない状態とは，(滞空時間の真値) − (全平均)が，主効果のみで構成される状態である．2因子交互作用がある状態とは，(滞空時間の真値) − (全平均)が主効果のみで構成されず，因子Aと因子Bの組合せの部分がある状態である．図示すると，2因子交互作用がない状態では，図4.1のように，各折れ線が平行移動の関係になっている．2因子交互作用がある状態では，図4.2のように，各折れ線の平行移動の関係が崩れた状態になっている．

4.2.4 実験の進め方

表4.1に示した因子と水準で，繰返しが2回の2元配置を行う．3(因子Aの水準数) × 3(因子Bの水準数) × 2(繰返し) = 18回の実験が必要であるが，ランダムな順に実験を行う．実際に実験順序をランダムに決めてみると，表4.4のようになった．繰返しが2回なので，同じ形の紙ヘリコプターを2回実験しなければならないが，実験の都度作り直し，実験するのが実験の繰返しである．ゆえに，実験全体において，18個の紙ヘリコプターが作成される．表

表4.4 実験の順序

		因子A：羽の長さ(cm)		
		A_1：3.0	A_2：3.2	A_3：3.5
因子B：羽の幅(cm)	B_1：1.0	6	4	8
		14	5	13
	B_2：1.2	10	1	3
		11	16	17
	B_3：1.5	9	2	7
		18	12	15

表 4.5 紙ヘリコプターの滞空時間(秒)

		因子 A：羽の長さ (cm)		
		$A_1: 3.0$	$A_2: 3.2$	$A_3: 3.5$
因子 B：羽の幅(cm)	$B_1: 1.0$	4.50	4.75	4.81
		4.56	4.68	4.81
	$B_2: 1.2$	3.65	4.34	4.40
		4.00	4.15	4.50
	$B_3: 1.5$	4.34	3.90	4.21
		4.56	3.71	4.28

4.4の順序で実験を行った結果，表4.5のようなデータが得られた．

4.2.5 解析の概要

表4.5のデータから，最適な羽の長さ(因子A)と羽の幅(因子B)の組合せを探索することが目的である．最適な組合せの選択までの流れは，以下のとおりである．

① 分散分析を行い，羽の長さ(因子A)と羽の幅(因子B)との2因子交互作用が存在するかどうかを統計学にもとづいて解析する(検定する)．この2因子交互作用を統計学にもとづいて解析する(検定する)ためには，実験の繰返しが必須である．次いで，羽の長さ(因子A)，および，羽の幅(因子B)に効果があるかどうかを統計学にもとづいて解析する(検定する)．羽の長さ(因子A)や羽の幅(因子B)のような実験に取り上げた因子による効果を，交互作用に対して**主効果**とよぶ．

② 羽の長さ(因子A)と羽の幅(因子B)について，最適な組合せを選ぶ．2因子交互作用が有意であるかどうかによって，選び方が異なることに注意する必要がある．

4.3 実験データの解析

4.3.1 データのグラフ化

全組合せで実験を行ったのだから，因子と滞空時間が，図 4.1 の状態であるか，図 4.2 の状態であるかを推察するためのグラフを初めに作成する．基本的には図 4.1 や図 4.2 の要領で作成すればよい．横軸にどちらかの因子をとり，組合せにおける(同じ設計の紙ヘリコプターの)滞空時間を平均し，グラフ上にプロットする．もう一方の因子について，水準別に折れ線で点を結ぶ．表 4.5 から，因子の水準の組合せに対して平均値を求めると，表 4.6 のようになる．表 4.6 から，横軸を羽の長さ(因子 A)をとって，図 4.1 や図 4.2 のようなグラフを描くと図 4.3 のようになる．図 4.3 を見ると，因子 A に対して B_1 および B_2 の変化パターンは平行移動の関係になっているが，B_3 については B_2 と交差している．つまり，羽の幅を $1.5\,\mathrm{cm}(B_3)$ にすると，羽の長さに対する変化パターンが，$1.0\,\mathrm{cm}(B_1)$ や $1.2\,\mathrm{cm}(B_2)$ とは異なるというわけである．これは，羽の長さ(因子 A)と羽の幅(因子 B)とには，2 因子交互作用が存在する可能性を示唆している．また，最適な組合せは，羽の長さが $3.5\,\mathrm{cm}(A_3)$，羽の幅が $1.0\,\mathrm{cm}(B_1)$ であると予想される．なお，図 4.3 は，2 因子交互作用の存在を確認するためのグラフであるため，**交互作用グラフ**とよばれている．

表 4.6 組合せにおける滞空時間の平均値，因子における各水準の平均値

		因子 A：羽の長さ (cm)			行の平均値
		$A_1:3.0$	$A_2:3.2$	$A_3:3.5$	
因子 B：羽の幅 (cm)	$B_1:1.0$	4.53	4.72	4.81	4.685
	$B_2:1.2$	3.83	4.25	4.45	4.173
	$B_3:1.5$	4.45	3.81	4.25	4.167
列の平均値		4.268	4.255	4.502	4.342

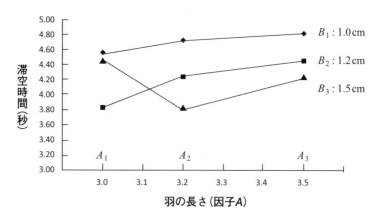

図 4.3 羽の長さ(因子 A),および,羽の幅(因子 B)との組合せにおける滞空時間との関係(交互作用グラフ)

交互作用グラフに対して,主効果グラフというものがある.主効果グラフは主効果を見るためのもので,因子 A における各水準の平均値,因子 B における各水準の平均値をプロットし,因子 A および因子 B の効果を見る.図 4.4 の因子 A の主効果グラフは,表 4.6 の列の平均値をプロットしたものである.図 4.5 の因子 B の主効果グラフは,表 4.6 の行の平均値をプロットしたものである.なお,図中の波線は全平均を示している.因子 A における各水準の平均値(列の平均値)は,いずれの水準においても,因子 B のすべての水準での実験結果を含んでいる.因子 B における各水準の平均値(行の平均値)も同様で,いずれの水準においても,因子 A のすべての水準での実験結果を含んでいる.したがって,因子の主効果グラフは,その因子の水準の変化だけによる影響を表したグラフである.羽の長さ(因子 A)は,3.2 cm から 3.5 cm へ変化させたほうが,滞空時間の伸びが多い.羽の幅(因子 B)は,1.0 cm から 1.2 cm へ変化させると,急に滞空時間が短くなる.主効果グラフからは,最適な組合せは,羽の長さ 3.5 cm (A_3),および,羽の幅 1.0 cm (B_1) である.

4.3 実験データの解析

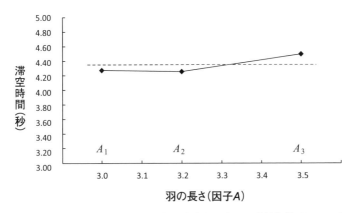

図 4.4 羽の長さ(因子 A)と滞空時間との関係(主効果グラフ)

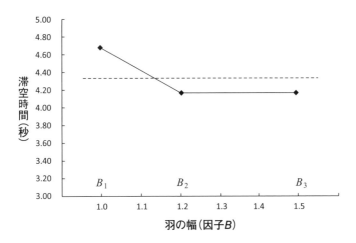

図 4.5 羽の幅(因子 B)と滞空時間との関係(主効果グラフ)

4.3.2 主効果,および,2因子交互作用の解析

羽の長さ(因子 A),および,羽の幅(因子 B)の主効果,羽の長さと羽の幅との2因子交互作用について分散分析を行い,それらに効果があるかどうか,統

計学にもとづいて検証する.

① 主効果(因子 A,および,因子 B)の平方和,自由度,平均平方

主効果とは,因子が特性値の真値に,個別的に影響を与える効果のことである.したがって,**図4.4**や**図4.5**に見るように,各水準に対する滞空時間の平均値の変化が,主効果の様子を表している.主効果は,1元配置における因子の効果と同様である.したがって,各主効果の平方和は,因子を個別に見て,1元配置と同様に求めればよい.

因子 A の平方和(これを主効果 A の平方和とよぶこともある)を求めるときには,**表4.5**において因子 B を無視し,繰返しが6回の1元配置だと思って計算すればよい.よって,因子 A における各水準の平均値(**表4.6**の列の平均値)から,

$$S_A = [(4.268 - 4.342)^2 + (4.255 - 4.342)^2 + (4.502 - 4.342)^2] \times 6$$
$$= 0.230933333$$

と求められる.因子 B についても同様にして,

$$S_B = [(4.685 - 4.342)^2 + (4.173 - 4.342)^2 + (4.167 - 4.342)^2] \times 6$$
$$= 1.061033333$$

と求められる.

主効果の平方和の自由度は,これも1元配置と同様,

(水準数) $- 1$

であるので,因子 A の平方和の自由度は $\phi_A = 2$,因子 B の平方和の自由度は $\phi_B = 2$ である.

平均平方は,平方和を自由度で割る.因子 A の平均平方は $V_A = 0.115466667$,因子 B の平均平方は $V_B = 0.530516667$ である.

② 2因子交互作用効果の平方和,自由度,平均平方

2因子交互作用効果は,滞空時間の真値で,

(滞空時間) $- [$(行の平均値) $+$ (列の平均値) $-$ (全平均)$]$

4.3 実験データの解析

である．これらをデータで置き換えたものが，2因子交互作用効果の推定値である．その推定値から平方和を求めればよい．ただし，滞空時間は，同じ羽の長さ(因子 A)と羽の幅(因子 B)をもつ紙ヘリコプターが2つあるので，それらを平均した値を用いる．すなわち，表 4.6 を使って，上の式で2因子交互作用効果の推定値を求めると表 4.7 のようになる．表 4.7 において，羽の長さが $3.0\,\mathrm{cm}\,(A_1)$ および羽の幅が $1.0\,\mathrm{cm}\,(B_1)$ の紙ヘリコプターの2因子交互作用効果の推定値は，

$$4.53 - [4.268 + 4.685 - 4.342] = -0.081$$

と計算される(表 4.7 では誤差により -0.082 となっている)．同じ形の紙ヘリコプターは2つずつあるので，2因子交互作用効果の推定値も，同じ値で2つずつある．表 4.7 の数値をすべて2乗して合計すると因子 A と因子 B の2因子交互作用効果の平方和 $S_{A \times B}$ が求まる．

$$\begin{aligned} S_{A \times B} &= (-0.082)^2 + (-0.082)^2 + (0.117)^2 + (0.117)^2 + \cdots \\ &\quad + (-0.082)^2 + (-0.082)^2 \\ &= [(-0.082)^2 + (0.117)^2 + \cdots + (-0.082)^2] \times 2 \\ &= 0.690633333 \end{aligned}$$

である．

2因子交互作用効果の平方和 $S_{A \times B}$ の自由度 $\phi_{A \times B}$ は，

表 4.7　2因子交互作用効果の推定値

		因子 A：羽の長さ (cm)		
		$A_1:3.0$	$A_2:3.2$	$A_3:3.5$
因子 B：羽の幅 (cm)	$B_1:1.0$	-0.082	0.117	-0.035
		-0.082	0.117	-0.035
	$B_2:1.2$	-0.275	0.158	0.117
		-0.275	0.158	0.117
	$B_3:1.5$	0.357	-0.275	-0.082
		0.357	-0.275	-0.082

$\phi_{A\times B}=$(因子Aの平方和の自由度)×(因子Bの平方和の自由度)
$$= 2 \times 2 = 4$$
である．2因子交互作用効果の平均平方は，
$$V_{A\times B} = \frac{0.690633333}{4} = 0.172658333$$
である．

③ 誤差平方和，自由度，平均平方

　誤差は(実測値)−(滞空時間の真値)である．紙ヘリコプターの滞空時間の真値を推定値で置き換えた表4.6と，実測値である表4.5の差が，個々の紙ヘリコプターの誤差である．18個の紙ヘリコプターの誤差をまとめると表4.8になる．

表4.8　紙ヘリコプターの誤差

		因子A：羽の長さ (cm)		
		A_1：3.0	A_2：3.2	A_3：3.5
因子B：羽の幅 (cm)	B_1：1.0	−0.030	0.035	0.000
		0.030	−0.035	0.000
	B_2：1.2	−0.175	0.095	−0.050
		0.175	−0.095	0.050
	B_3：1.5	−0.110	0.095	−0.035
		0.110	−0.095	0.035

　表4.8の個々の値を2乗し，合計したものが誤差平方和S_eである．すなわち，
$$S_e = 0.13325$$
である．

　誤差平方和の自由度ϕ_eは，総平方和S_Tの自由度ϕ_Tを用いて，

$$\phi_e = \phi_T - \phi_A - \phi_B - \phi_{A \times B}$$

である．$\phi_T = (データ数) - 1$ なので，

$$\phi_e = 17 - 2 - 2 - 4 = 9$$

である．平均平方は，

$$V_e = \frac{S_e}{\phi_e} = \frac{0.13325}{9} = 0.014805556$$

である．

④ 総平方和，自由度

総平方和 S_T は，データと全平均との乖離度合いを示すものである．表 4.9 にデータと全平均との差を示した．表 4.9 の個々の値を 2 乗し，合計したものが総平方和 S_T である．すなわち，$S_T = 2.11585$ である．

表 4.9 データと全平均との差

		因子 A：羽の長さ (cm)		
		$A_1 : 3.0$	$A_2 : 3.2$	$A_3 : 3.5$
因子 B：羽の幅 (cm)	$B_1 : 1.0$	0.1583	0.4083	0.4683
		0.2183	0.3383	0.4683
	$B_2 : 1.2$	-0.6917	-0.0017	0.0583
		-0.3417	-0.1917	0.1583
	$B_3 : 1.5$	-0.0017	-0.4417	-0.1317
		0.2183	-0.6317	-0.0617

⑤ 分散分析表

以上の①から④を分散分析表(表 4.10)にまとめる．

2 元配置において，2 因子交互作用効果があるかどうかが重要である．2 因子交互作用効果がある場合，滞空時間の真値は羽の長さ(因子 A)と羽の幅(因子 B)の水準の組合せに依存するため，どんなに主効果が大きくても，結局は

表 4.10 分散分析表

	平方和	自由度	平均平方	F_0	
羽の長さ(因子 A)	0.231	2	0.1155	7.799	*
羽の幅(因子 B)	1.061	2	0.5305	35.832	**
交互作用 $A \times B$	0.691	4	0.1727	11.662	**
誤差	0.13325	9	0.014806		
全体	2.11585	17			

組合せで最適なものを選ぶことになる．したがって，最大の興味は2因子交互作用効果の有無である．ゆえに，まず，2因子交互作用効果の検定を行う．

検定の帰無仮説 H_0 と対立仮説 H_1 は，

　　H_0：2因子交互作用効果はない

　　H_1：2因子交互作用効果がある

である．もし，2因子交互作用効果がなければ，$F_0 = V_{A \times B}/V_e$ は分子の自由度 4，分母の自由度 9 の F 分布に従う．よって，

　　$F_0 \geqq F(4, 9 ; 0.05)$

のとき，帰無仮説を棄却する．実際，$F(4, 9 ; 0.05) = 3.63$ なので，$F_0 \geqq F(4, 9 ; 0.05)$ が成り立ち，2因子交互作用効果があるといえる．また，$F(4, 9 ; 0.01) = 6.42$ であるから，2因子交互作用効果は高度に有意である．よって，最適な紙ヘリコプターを決める場合には，組合せで見なければならないことがわかる．

因子に効果(主効果)があるかどうかの解析は，2因子交互作用効果が有意でないときに意味が出てくる．ここでは，2因子交互作用効果が有意であるが，形式的に，主効果の検定を行っておく．

【因子 A (羽の長さ)の検定】

帰無仮説 H_0 と対立仮説 H_1 は，

H₀：羽の長さ(因子 A)に効果がない

H₁：羽の長さ(因子 A)に効果がある

である．もし，効果がなければ，$F_0 = V_A/V_e$ は分子の自由度2，分母の自由度9の F 分布に従う．したがって，

$$F_0 \geq F(2, 9 ; 0.05)$$

のとき，帰無仮説を棄却する．実際，$F(2, 9 ; 0.05) = 4.26$ なので，$F_0 \geq F(2, 9 ; 0.05)$ が成り立ち，羽の長さには効果があるといえる．

【因子 B (羽の幅) の検定】

帰無仮説 H₀ と対立仮説 H₁ は，

H₀：羽の幅(因子 B)に効果がない

H₁：羽の幅(因子 B)に効果がある

である．もし，効果がなければ，$F_0 = V_B/V_e$ は分子の自由度2，分母の自由度9の F 分布に従う．したがって，

$$F_0 \geq F(2, 9 ; 0.05)$$

のとき，帰無仮説を棄却する．実際，$F(2, 9 ; 0.05) = 4.26$ なので，$F_0 \geq F(2, 9 ; 0.05)$ が成り立ち，羽の幅には効果があるといえる．さらに，$F(2, 9 ; 0.01) = 8.02$ なので，高度に有意である．

4.4　最適水準の選択

2因子交互作用が有意である場合と，2因子交互作用が有意でない場合で，最適水準を選択するときの考え方が異なる．本実験では，2因子交互作用が有意であったので，2因子交互作用が有意である場合における最適水準の選択について，先に説明する．

4.4.1　2因子交互作用が有意である場合

① 平均値(点推定)による選択

2因子交互作用が有意であるとは，紙ヘリコプターの真値が，そもそも因子

Aと因子Bの主効果の和では表せず,因子の組合せでの情報がないと表せない状態であることを意味している.ゆえに,最適水準(最適な紙ヘリコプター)を選択するときも,因子Aと因子Bの水準の組合せでデータを解析することになる.言い換えると,紙ヘリコプターは因子Aと因子Bの水準の組合せで作成するので,同じ形の紙ヘリコプターのデータを直接的に見るということである.同じ形の紙ヘリコプターは2つずつあるので,それらを平均した値を用いて,最適な紙ヘリコプターを選択すればよい.滞空時間は長いほうがよいので,表4.6において,最大の値をもつ組合せが最適水準である.よって,最適水準は,

$$羽の長さが 3.5\,\mathrm{cm}\,(A_3),\quad 羽の幅が 1.0\,\mathrm{cm}\,(B_1)$$

の紙ヘリコプターであり,滞空時間は4.81秒と推定される.

② 信頼区間(区間推定)による選択

2因子交互作用が有意であるとき,因子Aと因子Bの水準の組合せでデータを解析する.見方を変えると,因子Aと因子Bを組み合わせて因子と考えた9水準の1元配置であると考えられる.つまり,表4.5のデータは,表4.11のように書き換えることができる.ゆえに,信頼区間は1元配置と同様につくればよい.1元配置における信頼率$100(1-\alpha)$%信頼区間を求める公式は,

$$(各水準の平均値) \pm t(\phi_e, \alpha)\sqrt{\frac{V_e}{r}}$$

であったから,繰返し数$r=2$,誤差の平均平方V_eおよび誤差の自由度ϕ_eは表4.10から,$V_e = 0.014806$,$\phi_e = 9$とすると具体的に信頼区間を求めることができる.信頼区間の幅は,どの水準(組合せ)においても等しいので,信頼区間で最適水準を選んでも,点推定で選ぶのと同じになる.したがって,信頼区間で選ぶとき,1元配置で解説した基準によって選ぶときに有効である.

点推定で選んだ最適水準A_3B_1において,信頼率95%信頼区間を求めてみると,

$$4.81 \pm t(9, 0.05)\sqrt{\frac{0.014805556}{2}}$$

$$= 4.81 \pm 0.194637 = 5.00, \ 4.62 \quad (\text{秒})$$

である.

表4.11 因子 A と因子 B を組み合わせて1つの因子として考えた9水準1元配置

	A_1B_1	A_1B_2	A_1B_3	A_2B_1	A_2B_2	A_2B_3	A_3B_1	A_3B_2	A_3B_3
	4.50	3.65	4.34	4.75	4.34	3.90	4.81	4.40	4.21
	4.56	4.00	4.56	4.68	4.15	3.71	4.81	4.50	4.28
平均	4.53	3.83	4.45	4.72	4.25	3.81	4.81	4.45	4.25

ちなみに,表4.11に対して分散分析を行うと,表4.12のようになる.表4.10と比較すると,誤差に関して等しい.また,表4.10において,$S_A + S_B + S_{A \times B} = 1.983$ となり,表4.12の因子と等しい.よって,交互作用が有意であるとき,因子 A と B の組合せを新たな因子とした1元配置として区間推定すればよいことがわかる.

$$F(8, 9 ; 0.05) = 3.23, \ F(8, 9 ; 0.01) = 5.47$$

表4.12 表4.11に対する分散分析表

	平方和	自由度	平均平方	F_0	
因子	1.9826	8	0.247825	16.7386	**
誤差	0.13325	9	0.014806		
全体	2.11585	17			

4.4.2 2因子交互作用が有意でない場合

① 平均値(点推定)による選択

2因子交互作用が有意でないとは,紙ヘリコプターの滞空時間の真値が,因

子 A と因子 B の主効果の和で表すことができる，という意味である．例えば，羽の長さが 3.2 cm (A_2) および羽の幅が 1.5 cm (B_3) の紙ヘリコプターの滞空時間の真値は，

(A_2B_3 の滞空時間の真値)

= [(B_3 行の真値の平均値) + (A_2 列の真値の平均値) − (真値の全平均)]

である．(A_2B_3 の滞空時間の真値) の推定は，真値をデータに置き換えればよい．すなわち，表 4.6 における行の平均値と列の平均値から

(A_2B_3 の滞空時間の真値の推定値)

= [(B_3 行のデータの平均値) + (A_2 列のデータの平均値) − (データの全平均)]

= 4.167 + 4.255 − 4.342

= 4.08 (秒)

である．他の組合せでも同様に推定する (表 4.13)．

表 4.13　交互作用が有意でないときの，滞空時間の点推定

		因子 A：羽の長さ (cm)			行の平均値
		A_1：3.0	A_2：3.2	A_3：3.5	
因子 B：羽の幅 (cm)	B_1：1.0	4.61	4.60	4.85	4.685
	B_2：1.2	4.10	4.09	4.33	4.173
	B_3：1.5	4.09	4.08	4.33	4.167
列の平均値		4.268	4.255	4.502	4.342

滞空時間は長いほうがよいから，表 4.13 において，最大となる組合せが最適水準である．すなわち，

羽の長さが 3.5 cm (A_3)，羽の幅が 1.0 cm (B_1)

の紙ヘリコプターであり，滞空時間は 4.85 秒と推定される．

② 信頼区間(区間推定)による選択

2因子交互作用が有意でない場合，点推定が有意である場合よりも複雑になっているように，区間推定も複雑になる．因子 A の第 i 水準かつ因子 B の第 j 水準(A_iB_j)における信頼率 $100(1-\alpha)$% 信頼区間を求める公式は

$$(A_iB_j\text{の滞空時間の真値の推定値}) \pm t(\phi_e, \alpha)\sqrt{\frac{V_e}{n_e}}$$

である．n_e は有効反復数と呼ばれ，

$$\frac{1}{n_e} = \frac{a+b-1}{abr} \quad (\text{伊奈の公式})$$

である．a は因子 A の水準数，b は因子 B の水準数，r は繰返し数である．

A_2B_3 において，信頼率 95% 信頼区間を求めてみると，有効反復数は

$$\frac{1}{n_e} = \frac{3+3-1}{3\times 3\times 2} = \frac{5}{18}$$

であり，

$$4.08 \pm t(9, 0.05)\sqrt{\frac{5}{18}0.01405556}$$

$$= 4.08 \pm (2.262 \times 0.062484576)$$

$$= 4.08 \pm 0.141349931 = 4.22, \ 3.94$$

となる．

4.5 2元配置分析の手順

手順1 特性，因子，水準，繰返し数を決める．

繰返し数は2以上に設定する．繰返し数を1(繰返しなし)にもできるが，交互作用を解析することができない．紙ヘリコプターの実験で繰返しなしとすると，総データ数は $3\times 3 = 9$ である．誤差の自由度は，

$$\phi_e = \phi_T - \phi_A - \phi_B - \phi_{A\times B}$$

であったから，この場合，$\phi_e = (9-1) - 2 - 2 - 4 = 0$ である．0で割り算をすることはできないため，誤差の平均平方 V_e を求めることができず，解析

できない.そのため,「交互作用がない」と仮定して(「交互作用を無視する」ともいう)解析すると,誤差の自由度が $\phi_e = 4$ となり解析できる.

この仮定が外れた場合,どのようなことになるのであろうか.表4.10からもわかるように,分散分析における平方和の分解から,交互作用を無視した場合の誤差平方和は,

$$S_e = S_T - S_A - S_B$$

であるが,交互作用が本当にある場合は S_T から $S_{A \times B}$ をさらに引かないと正しい誤差平方和にならないことがわかる.しかし,繰返しを行わない場合,それはできないので,結局,$S_T - S_A - S_B$ は誤差と交互作用が混じった平方和になっているのである.一つの平方和に複数の影響(要因)が混じって入ることを**交絡**という.

手順2 実験の順序をランダムに決め,実験を行う.

因子 A の水準数を a,因子 B の水準数を b,繰返し数を r とすると,総実験回数は abr である.abr の実験順序をランダムに決め(表4.4),実験を行ってデータをとり,表4.5を作成する.

手順3 データをグラフ化し,考察する.

表4.5において,因子 A の水準と因子 B の水準の組合せ (A_iB_j) における平均値,因子 A および因子 B についてそれぞれ各水準の平均値,全平均を求め,表4.6を作成する.表4.6を交互作用グラフ,主効果グラフに表す.

ここで,一般的なシチュエーションでの説明もしておく.

因子 A の水準と因子 B の水準の組合せ (A_iB_j) における第 k 回目のデータを x_{ijk},$i = 1, \cdots, a$, $j = 1, \cdots, b$, $k = 1, \cdots, r$ とする.因子 A の水準と因子 B の水準の組合せ (A_iB_j) における平均値は,

$$\bar{x}_{ij\cdot} = \frac{\sum_{k=1}^{r} x_{ijk}}{r}, \quad i = 1, \cdots, a, \quad j = 1, \cdots, b$$

である.因子 A に対する各水準の平均値は,

4.5 2元配置分析の手順

$$\bar{x}_{i\bullet\bullet} = \frac{\sum_{j=1}^{b}\sum_{k=1}^{r} x_{ijk}}{br}, \quad i = 1, \cdots, a$$

である.同様に,因子 B に対する各水準の平均値は,

$$\bar{x}_{\bullet j\bullet} = \frac{\sum_{i=1}^{a}\sum_{k=1}^{r} x_{ijk}}{ar}, \quad j = 1, \cdots, b$$

である.全平均は,

$$\bar{x}_{\bullet\bullet\bullet} = \frac{\sum_{i=1}^{a}\sum_{j=1}^{b}\sum_{k=1}^{r} x_{ijk}}{abr}$$

である.よって,表 4.6 に対応する平均値の表は表 4.14 のようになる.

表 4.14 組合せの平均値,各水準の平均値

		因子 A			因子 B に対する各水準の平均値
		A_1	$\cdots$	A_a	
因子 B	B_1	$\bar{x}_{11\bullet}$	$\cdots$	$\bar{x}_{a1\bullet}$	$\bar{x}_{\bullet 1\bullet}$
	$\vdots$	$\vdots$	$\vdots$	$\vdots$	$\vdots$
	B_b	$\bar{x}_{1b\bullet}$	$\cdots$	$\bar{x}_{ab\bullet}$	$\bar{x}_{\bullet b\bullet}$
因子 A に対する各水準の平均値		$\bar{x}_{1\bullet\bullet}$	$\cdots$	$\bar{x}_{a\bullet\bullet}$	$\bar{x}_{\bullet\bullet\bullet}$

手順 4 平方和を計算する.

① 因子 A の平方和 (S_A)

表 4.6,一般的には表 4.14 から,因子 B のことをいったん忘れ,因子 A の 1 元配置だと思って計算すると,

$$S_A = br \sum_{i=1}^{a} (\bar{x}_{i\bullet\bullet} - \bar{x}_{\bullet\bullet\bullet})^2$$

である.

② 因子 B の平方和 (S_B)

因子 A の平方和の計算と同様に考えて，
$$S_B = ar \sum_{j=1}^{b} (\overline{x}_{\cdot j \cdot} - \overline{x}_{\cdots})^2$$
である．

③ 交互作用 $A \times B$ の平方和 ($S_{A \times B}$)

表 4.6，一般的には表 4.14 の各セル ($A_i B_j$) において，
$$\widehat{(\alpha \beta)}_{ij} = \overline{x}_{ij \cdot} - \overline{x}_{i \cdot \cdot} - \overline{x}_{\cdot j \cdot} + \overline{x}_{\cdots}, \quad i = 1, \cdots, a, \quad j = 1, \cdots, b$$
を計算し，表にまとめる (表 4.7 もしくは表 4.15)．表 4.7 もしくは表 4.15 の数値を 2 乗して足し合わせると $S_{A \times B}$ である．すなわち，
$$S_{A \times B} = r \sum_{i=1}^{a} \sum_{j=1}^{b} (\overline{x}_{ij \cdot} - \overline{x}_{i \cdot \cdot} - \overline{x}_{\cdot j \cdot} + \overline{x}_{\cdots})^2$$
である．

表 4.15　2 因子交互作用効果の推定値

		因子 A		
		A_1	$\cdots$	A_a
因子 B	B_1	$\widehat{(\alpha\beta)}_{11}$	$\cdots$	$\widehat{(\alpha\beta)}_{a1}$
		$\vdots$		$\vdots$
		$\widehat{(\alpha\beta)}_{11}$	$\cdots$	$\widehat{(\alpha\beta)}_{a1}$
	$\vdots$	$\vdots$	$\ddots$	$\vdots$
	B_b	$\widehat{(\alpha\beta)}_{1b}$	$\cdots$	$\widehat{(\alpha\beta)}_{ab}$
		$\vdots$		$\vdots$
		$\widehat{(\alpha\beta)}_{1b}$	$\cdots$	$\widehat{(\alpha\beta)}_{ab}$

④ 誤差平方和 (S_e)

誤差は，
$$x_{ijk} - \overline{x}_{ij \cdot}, \quad i = 1, \cdots, a, \quad j = 1, \cdots, b, \quad k = 1, \cdots, r$$

である．表 4.5 および表 4.6 を用いて表 4.8 を作成する．一般的にはデータ x_{ijk} と表 4.14 を用いて，表 4.16 を作成することになる．

表 4.8 もしくは表 4.16 の値を 2 乗して足すことにより，誤差平方和が求まる．つまり，
$$S_e = \sum_{i=1}^{a} \sum_{j=1}^{b} \sum_{k=1}^{r} (x_{ijk} - \overline{x}_{ij\cdot})^2$$
である．

表 4.16 誤差

		因子 A		
		A_1	$\cdots$	A_a
因子 B	B_1	$x_{111} - \overline{x}_{11\cdot}$ $\vdots$ $x_{11r} - \overline{x}_{11\cdot}$	$\cdots$ $\cdots$	$x_{a11} - \overline{x}_{a1\cdot}$ $\vdots$ $x_{a1r} - \overline{x}_{a1\cdot}$
	$\vdots$	$\vdots$	$\ddots$	$\vdots$
	B_b	$x_{1b1} - \overline{x}_{1b\cdot}$ $\vdots$ $x_{1br} - \overline{x}_{1b\cdot}$	$\cdots$ $\cdots$	$x_{ab1} - \overline{x}_{ab\cdot}$ $\vdots$ $x_{abr} - \overline{x}_{ab\cdot}$

⑤ 総平方和 (S_T)

総平方和とは，データと全平均との差を 2 乗した和である．つまり，
$$S_T = \sum_{i=1}^{a} \sum_{j=1}^{b} \sum_{k=1}^{r} (x_{ijk} - \overline{x}_{\cdots})^2$$
である．表 4.9 の数値を 2 乗して足せばよい．一般的には，表 4.17 の数値を 2 乗して足せばよい．

手順 5 自由度を求める．

- 因子 A の平方和の自由度　$\phi_A = ($水準数$) - 1 = a - 1$

表4.17 データと全平均との差

		因子 A		
		A_1	$\cdots$	A_a
因子 B	B_1	$x_{111}-\bar{x}_{\cdots}$ $\vdots$ $x_{11r}-\bar{x}_{\cdots}$	$\cdots$ $\cdots$	$x_{a11}-\bar{x}_{\cdots}$ $\vdots$ $x_{a1r}-\bar{x}_{\cdots}$
	$\vdots$	$\vdots$	$\ddots$	$\vdots$
	B_b	$x_{1b1}-\bar{x}_{\cdots}$ $\vdots$ $x_{1br}-\bar{x}_{\cdots}$	$\cdots$ $\cdots$	$x_{ab1}-\bar{x}_{\cdots}$ $\vdots$ $x_{abr}-\bar{x}_{\cdots}$

- 因子 B の平方和の自由度　$\phi_B=$(水準数)$-1=b-1$
- 交互作用 $A\times B$ の平方和の自由度　$\phi_{A\times B}=\phi_A\phi_B=(a-1)(b-1)$
- 誤差平方和の自由度　$\phi_e=ab(r-1)=\phi_T-\phi_A-\phi_B-\phi_{A\times B}$
- 総平方和の自由度　$\phi_T=$(データ数)$-1=abr-1$

手順6　平均平方を求める．

- 因子 A の平均平方　$V_A=S_A/\phi_A$
- 因子 B の平均平方　$V_B=S_B/\phi_B$
- 交互作用 $A\times B$ の平均平方　$V_{A\times B}=S_{A\times B}/\phi_{A\times B}$
- 誤差の平均平方　$V_e=S_e/\phi_e$

手順7　各要因の分散比を求めて，以上を分散分析表(表4.18)にまとめる．

- 因子 A の分散比　V_A/V_e
- 因子 B の分散比　V_B/V_e
- 交互作用 $A\times B$ の分散比　$V_{A\times B}/V_e$

表 4.18 分散分析表

要因	平方和	自由度	平均平方	F_0
因子 A	S_A	ϕ_A	V_A	V_A/V_e
因子 B	S_B	ϕ_B	V_B	V_B/V_e
交互作用 $A \times B$	$S_{A \times B}$	$\phi_{A \times B}$	$V_{A \times B}$	$V_{A \times B}/V_e$
誤差	S_e	ϕ_e	V_e	
全体	S_T	ϕ_T		

手順8 各要因の効果を検定する.

- 交互作用 $A \times B : V_{A \times B}/V_e \geq F(\phi_A,\ \phi_e\ ;\alpha)$ のとき,交互作用 $A \times B$ は効果がある.
- 因子 $A : V_A/V_e \geq F(\phi_A,\ \phi_e\ ;\alpha)$ のとき,主効果 A は効果がある.
- 因子 $B : V_B/V_e \geq F(\phi_B,\ \phi_e\ ;\alpha)$ のとき,主効果 A は効果がある.

手順9 最適水準を選択する.

① 交互作用 $A \times B$ に効果がある場合

因子 A と因子 B の組合せ (A_iB_j) で選択する.特性値が高ければよいとすれば,**表4.6** や **表4.14** において,組合せ A_iB_j での平均値が最も高い組合せが最適水準である.

② 交互作用 $A \times B$ に効果がない場合

因子 A と因子 B を単独で見て選択する.因子 A の最適水準,因子 B の最適水準を組合せたものが全体の最適水準である.特性値が高ければよいとすれば,**表4.6** や **表4.14** において,因子 A における各水準の平均値(列の平均値)から最大となる水準を選択し,因子 B における各水準の平均値(行の平均値)から最大となる水準を選択して,それらを組み合わせる.4.4.2項の①の方法と異なっているように見えるが,**表4.13** を作成するための計算式により同じであ

ることがわかる．

【水準組合せにおける真値(正確には母平均)の推定】

① 交互作用 $A \times B$ に効果がある場合
- 点推定：$\bar{x}_{ij\cdot}$
- 区間推定(信頼区間)：$\bar{x}_{ij\cdot} \pm t(\phi_e, \alpha)\sqrt{\dfrac{V_e}{r}}$

② 交互作用 $A \times B$ に効果がない場合
- 点推定：$\bar{x}_{i\cdot\cdot} + \bar{x}_{\cdot j\cdot} - \bar{x}_{\cdots}$
- 区間推定(信頼区間)：$(\bar{x}_{i\cdot\cdot} + \bar{x}_{\cdot j\cdot} - \bar{x}_{\cdots}) \pm t(\phi_e, \alpha)\sqrt{\dfrac{V_e}{n_e}}$

$$\frac{1}{n_e} = \frac{a+b-1}{abr} \quad \text{(伊奈の公式)}$$

4.6　その他の例

例　開発中のポリマーの重合反応の操業条件を定める実験を行う．ポリマーの収率に関して，反応温度と触媒の種類が重要である．そこで，
- 因子 A：反応温度

  第1水準：110℃，第2水準：115℃，第3水準：120℃，第4水準：125℃
- 因子 B：触媒の種類

  第1水準：従来品，第2水準：改良品1，第3水準：改良品2

として繰返し数2回とした2元配置の実験を行い，ポリマーの収率が最も高くなる反応温度と触媒の種類の組合せを得たい．

手順1　特性，因子，水準，繰返し数を決める．
- 特性：ポリマーの収率

4.6 その他の例

- 因子と水準
    1) 因子 A：反応温度
       第1水準：110℃，第2水準：115℃，第3水準：120℃，第4水準：125℃
    2) 因子 B：触媒の種類
       第1水準：従来品，第2水準：改良品1，第3水準：改良品2
- 繰返し数：2回

手順2 実験の順序をランダムに決め，実験を行う．

実験方法と留意事項：総実験回数は $4 \times 3 \times 2 = 24$ 回であり，この24回の実験をランダムな順序で行う．因子 A は温度であるので，次の実験へ移るとき，標準状態まで一度戻してから昇温することに注意する．収率(実験データ)は表4.19である．

表 4.19 実験データ(収率%)

	A_1	A_2	A_3	A_4
B_1	74	78	77	74
	71	73	73	75
B_2	79	76	81	74
	76	77	81	76
B_3	71	74	74	71
	68	76	75	72

手順3 データをグラフ化し，考察する(表4.20，図4.6)．

手順4 平方和を計算する．
- 因子 A と因子 B の平方和(S_A, S_B)
    各因子の1元配置だと思って平方和を求める．

表 4.20 組合せにおけるデータの平均値，因子における各水準の平均値

		因子 A				因子 B に対する各水準の平均値
		A_1	A_2	A_3	A_4	
因子 B	B_1	72.5	75.5	75.0	74.5	74.4
	B_2	77.5	76.5	81.0	75.0	77.5
	B_3	69.5	75.0	74.5	71.5	72.6
因子 A に対する各水準の平均値		73.2	75.7	76.8	73.7	74.8

表 4.21～表 4.25 の各表において，表中の値を 2 乗して足すと，S_A, S_B, $S_{A \times B}$, S_e, S_T がそれぞれ求まる．

$S_A = 53.000$, $S_B = 97.583$, $S_{A \times B} = 36.750$, $S_e = 40.000$,
$S_T = 227.333$

手順 5 自由度を求める．
- 因子 A の平方和の自由度　$\phi_A =$ (水準数) $- 1 = 3$
- 因子 B の平方和の自由度　$\phi_B =$ (水準数) $- 1 = 2$
- 交互作用 $A \times B$ の平方和の自由度　$\phi_{A \times B} = \phi_A \phi_B = 6$
- 誤差平方和の自由度　$\phi_e = ab(r-1) = \phi_T - \phi_A - \phi_B - \phi_{A \times B} = 12$
- 総平方和の自由度　$\phi_T =$ (データ数) $- 1 = 23$

手順 6 平均平方を求める．
- 因子 A の平均平方　$V_A = S_A / \phi_A = 53.000/3 = 17.667$
- 因子 B の平均平方　$V_B = S_B / \phi_B = 97.583/2 = 48.792$
- 交互作用 $A \times B$ の平均平方　$V_{A \times B} = S_{A \times B}/\phi_{A \times B} = 36.800/6 = 6.125$
- 誤差の平均平方　$V_e = S_e / \phi_e = 40.000/12 = 3.333$

4.6 その他の例

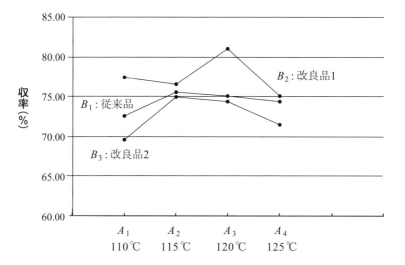

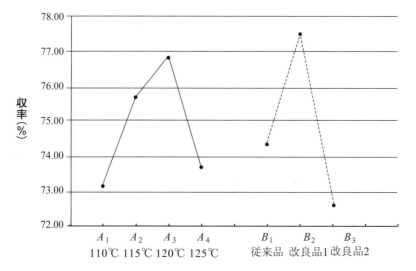

図 4.6 主効果グラフと交互作用グラフ

第4章 2つの因子の影響を見るための実験(2元配置)

表4.21　因子 A の効果の推定値

A_1	A_2	A_3	A_4
−1.667	0.833	2.000	−1.167
−1.667	0.833	2.000	−1.167
−1.667	0.833	2.000	−1.167
−1.667	0.833	2.000	−1.167
−1.667	0.833	2.000	−1.167
−1.667	0.833	2.000	−1.167

表4.22　因子 B の効果の推定値

B_1	−0.46	−0.46	−0.46	−0.46
	−0.46	−0.46	−0.46	−0.46
B_2	2.67	2.67	2.67	2.67
	2.67	2.67	2.67	2.67
B_3	−2.21	−2.21	−2.21	−2.21
	−2.21	−2.21	−2.21	−2.21

表4.23　交互作用 $A \times B$ の効果の推定値

	A_1	A_2	A_3	A_4
B_1	−0.208	0.292	−1.375	1.292
	−0.208	0.292	−1.375	1.292
B_2	1.667	−1.833	1.500	−1.333
	1.667	−1.833	1.500	−1.333
B_3	−1.458	1.542	−0.125	0.042
	−1.458	1.542	−0.125	0.042

表 4.24 誤差の推定値

	A_1	A_2	A_3	A_4
B_1	1.50	2.50	2.00	-0.50
	-1.50	-2.50	-2.00	0.50
B_2	1.50	-0.50	0.00	-1.00
	-1.50	0.50	0.00	1.00
B_3	1.50	-1.00	-0.50	-0.50
	-1.50	1.00	0.50	0.50

表 4.25 データ－全平均 (S_T のため計算表)

	A_1	A_2	A_3	A_4
B_1	-0.8	3.2	2.2	-0.8
	-3.8	-1.8	-1.8	0.2
B_2	4.2	1.2	6.2	-0.8
	1.2	2.2	6.2	1.2
B_3	-3.8	-0.8	-0.8	-3.8
	-6.8	1.2	0.2	-2.8

手順 7 各要因の分散比を求めて，以上を分散分析表(表 4.26)にまとめる．

- 因子 A の分散比 　$V_A/V_e = 17.667/3.333 = 5.300$

表 4.26 分散分析表

要因	平方和	自由度	平均平方	F_0
反応温度 A	53.000	3	17.667	5.300*
触媒の種類 B	97.583	2	48.792	14.638**
交互作用 $A \times B$	36.750	6	6.125	1.838
誤差	40.000	12	3.333	
全体	227.333	23		

- 因子 B の分散比　$V_B/V_e = 48.792/3.333 = 14.6375$
- 交互作用 $A \times B$ の分散比　$V_{A \times B}/V_e = 6.125/3.333 = 1.8375$

手順 8　各要因の効果を検定する．

- 交互作用 $A \times B : V_{A \times B}/V_e \geq F(\phi_A, \phi_e ; \alpha) = F(6, 12 ; 0.05) = 2.996$ のとき，交互作用 $A \times B$ は効果がある．$F_0 = 1.838$ より，交互作用 $A \times B$ は効果があるとはいえない．
- 因子 $A : V_A/V_e \geq F(\phi_A, \phi_e ; \alpha) = F(3, 12 ; 0.05) = 3.49$ のとき，主効果 A は効果がある．$F_0 = 5.300$ より，主効果 A は効果があるといえる．
- 因子 $B : V_B/V_e \geq F(\phi_B, \phi_e ; \alpha) = F(2, 12 ; 0.05) = 3.89$ のとき，主効果 B は効果がある．$F_0 = 14.638$ より，主効果 B は効果があるといえる．さらに，$F(2, 12 ; 0.01) = 6.93$ より主効果 B は高度に有意である．

手順 9　最適水準を選択する．

　交互作用 $A \times B$ の効果がないので，最適水準は因子ごとに個別に選んで合わせる．収率は高いほうがよいから，因子 A 反応温度では 120℃ (A_3)，因子 B 触媒の種類では改良品 1 (B_2) がそれぞれの最適水準だから，(120℃，改良品 1) の組が最適水準である．

　最適水準 (120℃，改良品 1 : A_3B_2) での母平均の推定値は，点推定値で
$$\bar{x}_{3\cdot\cdot} + \bar{x}_{\cdot 2 \cdot} - \bar{x}_{\cdot\cdot\cdot} = 76.8 + 77.5 - 74.8 = 79.5\%$$
である．信頼率 95％信頼区間は点推定値に

$$\frac{1}{n_e} = \frac{a+b-1}{abr} = \frac{4+3-1}{24} = \frac{6}{24} = \frac{1}{4} \quad (\text{伊奈の式})$$

$$t(\phi_e, \alpha)\sqrt{\frac{V_e}{n_e}} = t(12 ; 0.05)\sqrt{\frac{3.333}{4}} = 2.179 \times 0.9128 = 1.989$$

をプラスマイナスすればよいから，区間推定で 77.5％ から 81.5％ となる．

第5章
多くの因子の影響を見るための実験
(2水準直交表実験)

5.1 はじめに

　紙ヘリコプターの形を決める因子は，羽の長さ，羽の幅以外にもたくさんある．初めて紙ヘリコプターを作成するときには，いろいろな因子を動かして，さまざまな形を試してみたいだろう．これまでに説明した1元配置や2元配置を行うときには，紙ヘリコプターの作成もこなれ，設計も最終的な段階に入っていることだろう．

　これから説明する直交表(直交配列表)による実験は，1回の実験に多くの因子を取り上げて，効率的に実験を行うための方法である．これは，設計の最も初期段階，つまり，設計対象について情報があまりないときに，情報獲得のために行われる．

　多くの因子を実験したいとき，1因子ずつ実験を行うことは好ましくない．2元配置の場合と同様，交互作用効果があるということと，実験には誤差があるので，推定精度が悪くなるということから，すべての因子を組み合せて行うのがよい．だからといって，すべての因子の水準組合せを行う必要はなく，直交表を使って，実験回数を減らすことが可能である．

5.2 実験に取り上げる因子と水準，繰返し

　設計の初期段階において，今後，どの因子に注目すればよいかを見極めるために，できるだけ多くの因子で実験を行おう．図5.1に示した紙ヘリコプターにおいては，

第5章 多くの因子の影響を見るための実験(2水準直交表実験)

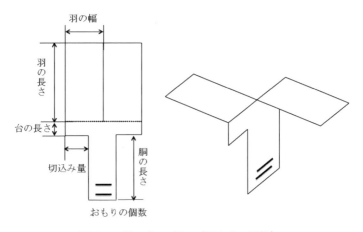

図 5.1 紙ヘリコプター(図 1.3 の再掲)

因子 A：羽の長さ(mm)

因子 B：羽の幅(mm)

因子 C：台の長さ(mm)

因子 D：切込み量(mm)

因子 E：胴の長さ(mm)

因子 F：おもりの個数(個)

因子 G：紙の重さ(g/m^2)

の7種類の因子を取り上げることができる．これら7つの因子について，滞空時間に対して効果があるかどうかを調べることが，本実験の目的である．

　各因子について2水準あれば，すべての因子の効果を調べることができる．例えば，羽の長さに効果があるとは，羽の長さを変化させたとき滞空時間も変化することとであるので，羽の長さが少なくとも2通りあればよい．3水準や4水準にすると，変化の様子が詳しくわかるようになるが，多くの実験回数が必要になる．そこで，多くの因子を取り上げ，効果があるかどうかの簡単な情報だけをとりたい場合は，すべての因子を2水準に設定する．

　具体的な水準はどのように決めればよいのであろうか．例えば，羽の長さ

表5.1　実験に取り上げる因子と水準

因子	第1水準	第2水準
因子A：羽の長さ	7.0 cm	3.0 cm
因子B：羽の幅	2.0 cm	1.0 cm
因子C：台の長さ	1.5 cm	0.5 cm
因子D：切込み量	0.5 cm	0.0 cm
因子E：胴の長さ	5.0 cm	3.0 cm
因子F：おもりの個数	2個	1個
因子G：紙の重さ	85 g/m^2	40 g/m^2

(因子A)の水準を 3.0 cm と 4.0 cm のように設定するか，3.0 cm と 7.0 cm のように設定するか，どちらがよいだろう．一概にこれが正解とはいえないが，このような実験では，大雑把な情報を得ることが目的だから，3.0 cm と 7.0 cm のように，水準の幅を広く，設計が可能な領域をカバーするようにとるのが一般的である．もし，効果があると判定されたら，次の実験で，領域を狭め，水準を増やし，詳しく変化を見て，最適点を見つけるというイメージである．本実験においては，表5.1のように取り上げた．

1元配置や2元配置では，実験の繰返しを行うのが一般的である．しかし，本実験のように，2水準直交表を用い，因子の効果の大雑把な情報を得るための実験では，実験の繰返しは行わない．

5.3　全組合せによる実験とその解析能力

2元配置では，すべての水準の組合せに対して実験を行った．本実験のように，7つの因子があり，すべて2水準である場合では，すべての水準の組合せの数は，$2^7 = 128$ 通りである．では，128回の実験を行わなければならないのであろうか．

2元配置において，すべての水準の組合せに対して実験を行い，さらに，繰返しも行う理由は，2因子交互作用効果を調べるためである．つまり，

　　　　　　　　主効果，2因子交互作用効果

が解析できる．繰返しを行わず，すべての水準の組合せに対して1回だけ実験を行うと，2因子交互作用効果を解析できない．それは，実験誤差があるからであり，繰返しによって実験誤差の大きさを調べることができるからである．因子を3つ取り上げて，2元配置と同様に，すべての水準の組合せに対して実験を行い，さらに，繰返しも行う実験を3元配置というが，3元配置では，

　　　　　主効果，2因子交互作用効果，3因子交互作用効果

が解析できる．2因子交互作用効果が2つの因子の組合せで生じる特別な効果であったのと同じように，3因子交互作用効果とは，3つの因子の組合せで生じる特別な効果である．3因子交互作用効果があるとは，例えば，羽の長さを6.0cm，羽の幅を1.0cm，胴の長さを5.0cmにしたとき，絶妙なバランスで，滞空時間が劇的に長くなる，というようなイメージである．本実験のように7つの因子に対して，すべての水準の組合せに対して実験を行い，さらに，繰返しも行った場合(これを7元配置というが)，

　主効果，2因子交互作用効果，3因子交互作用効果，…，7因子交互作用効果

を解析することができる．また，繰返しがない場合は，

　主効果，2因子交互作用効果，3因子交互作用効果，…，6因子交互作用効果

を解析することができる．したがって，すべての水準の組合せを実験すると，7因子や6因子の組合せによる，超絶妙なバランスがあるかどうかを解析することができるが，多くの実験時間，コストをかけて，このようなバランスを見つける必要があるだろうか．そもそも，本実験の目的は，因子に効果があるかどうかを大雑把に見て，次の実験につなげることであり，水準も2水準しかとっていないので，このように絶妙なバランスを発見することは目的ではないし，水準数を増やしたほうが，絶妙なバランスを見つけるのに適しているだろ

う．したがって，本実験のような2水準直交表を用いる実験では，

主効果を主に，2因子交互作用効果もできれば調べる

というスタンスをとる．3因子交互作用効果から6因子交互作用効果は解析対象外である．したがって，$2^7 = 128$回も実験を行うのは無駄と思える．解析対象を少なくする代わりに，実験回数も少なくできないだろうか．直交表（直交配列表）とよばれる表に従って実験を行えば，このようなことが可能である．本実験のように，7つの因子を取り上げた場合，16回の実験で，すべての主効果と1部の2因子交互作用効果を解析することができるのである．

　2水準直交表を用いた実験においては，主効果と2因子交互作用効果を合わせて，最大で「（データ数）− 2」個の効果を解析することができる．$L_{16}(2^{15})$で実験を行うと，データ数は16であるので，$16 − 2 = 14$個の効果を解析することができる．ところが，因子が7つある場合，2因子交互作用効果は，

$A \times B$, $A \times C$, $A \times D$, $A \times E$, $A \times F$, $A \times G$, $B \times C$, $B \times D$,
$B \times E$, $B \times F$, $B \times G$, $C \times D$, $C \times E$, $C \times F$, $C \times G$, $D \times E$,
$D \times F$, $C \times G$, $E \times F$, $E \times G$, $F \times G$

の21個あるので，主効果と2因子交互作用効果を合わせると$7 + 21 = 28$個となり，すべての主効果とすべての2因子交互作用を解析することはできない．そこで，2因子交互作用については，技術的な見地を使って，上の21個からいくつか選択し，解析することになる．

　紙ヘリコプター実験では，$A \times B$, $A \times C$, $A \times D$, $A \times E$, $C \times D$, $C \times E$の6つの2因子交互作用効果を解析する．

5.4　2水準直交表 $L_{16}(2^{15})$ による実験

　図5.2に示した$L_{16}(2^{15})$とよばれる直交表（直交配列表）を用いれば，主効果と2因子交互作用を合わせて，16回の実験で最大14個の効果を解析することができる．前節で示したように，主効果A, B, C, D, E, F, Gと2因子交互作用効果$A \times B$, $A \times C$, $A \times D$, $A \times E$, $C \times D$, $C \times E$, 計13個の効

果を解析する.

5.4.1 2水準直交表 $L_{16}(2^{15})$ と実験のやり方

図 5.2 の直交表 $L_{16}(2^{15})$ に書かれている「No.」とは,実験の No. である. No. は,1〜16 まであるので,16 回の実験を行うということである."列番" とは,「因子の割付け」という操作をするための列である.列番は 1〜15 まであるが,そのうち 14 列を用いて,因子の割付けを行う.表のなかにある「1」,

列番 No.	[1]	[2]	[3]	[4]	[5]	[6]	[7]	[8]	[9]	[10]	[11]	[12]	[13]	[14]	[15]
1	1	1	1	1	1	1	1	1	1	1	1	1	1	1	1
2	1	1	1	1	1	1	1	2	2	2	2	2	2	2	2
3	1	1	1	2	2	2	2	1	1	1	1	2	2	2	2
4	1	1	1	2	2	2	2	2	2	2	2	1	1	1	1
5	1	2	2	1	1	2	2	1	1	2	2	1	1	2	2
6	1	2	2	1	1	2	2	2	2	1	1	2	2	1	1
7	1	2	2	2	2	1	1	1	1	2	2	2	2	1	1
8	1	2	2	2	2	1	1	2	2	1	1	1	1	2	2
9	2	1	2	1	2	1	2	1	2	1	2	1	2	1	2
10	2	1	2	1	2	1	2	2	1	2	1	2	1	2	1
11	2	1	2	2	1	2	1	1	2	1	2	2	1	2	1
12	2	1	2	2	1	2	1	2	1	2	1	1	2	1	2
13	2	2	1	1	2	2	1	1	2	2	1	1	2	2	1
14	2	2	1	1	2	2	1	2	1	1	2	2	1	1	2
15	2	2	1	2	1	1	2	1	2	2	1	2	1	1	2
16	2	2	1	2	1	1	2	2	1	1	2	1	2	2	1
成分	a b	a b	a	a b c	a c	a c	a c d	a d	a b d	a b d	a d	a c d	a c d	a b c d	a b c d
	1群	2群		3群					4群						

図 5.2　$L_{16}(2^{15})$ 直交表(直交配列表)

5.4 2水準直交表 $L_{16}(2^{15})$ による実験

「2」という数字は，因子の水準を表している．「1」は第1水準，「2」は第2水準である．「成分」における「a」，「b」などのアルファベットは，2因子交互作用効果の平方和を計算するために用いるものである．

実際に，表5.1に示した7つの因子を直交表 $L_{16}(2^{15})$ に割り付けてみよう．割付けとは，図5.3のように因子を列番の上に書き込む操作であり，その結果として，実験すべき水準の組合せが自動的に決まる．例えば，図5.3のように，

	A	B		C				D				E		F	G
列番 No.	[1]	[2]	[3]	[4]	[5]	[6]	[7]	[8]	[9]	[10]	[11]	[12]	[13]	[14]	[15]
1	1	1	1	1	1	1	1	1	1	1	1	1	1	1	1
2	1	1	1	1	1	1	1	2	2	2	2	2	2	2	2
3	1	1	1	2	2	2	2	1	1	1	1	2	2	2	2
4	1	1	1	2	2	2	2	2	2	2	2	1	1	1	1
5	1	2	2	1	1	2	2	1	1	2	2	1	1	2	2
6	1	2	2	1	1	2	2	2	2	1	1	2	2	1	1
7	1	2	2	2	2	1	1	1	1	2	2	2	2	1	1
8	1	2	2	2	2	1	1	2	2	1	1	1	1	2	2
9	2	1	2	1	2	1	2	1	2	1	2	1	2	1	2
10	2	1	2	1	2	1	2	2	1	2	1	2	1	2	1
11	2	1	2	2	1	2	1	1	2	1	2	2	1	2	1
12	2	1	2	2	1	2	1	2	1	2	1	1	2	1	2
13	2	2	1	1	2	2	1	1	2	2	1	1	2	2	1
14	2	2	1	1	2	2	1	2	1	1	2	2	1	1	2
15	2	2	1	2	1	1	2	1	2	2	1	2	1	1	2
16	2	2	1	2	1	1	2	2	1	1	2	1	2	2	1
成分	a	a b	b	a c	c	b c	a b c	a d	d	b d	a b d	c d	a c d	a b c d d	b c d
	1群	2群		3群				4群							

図 5.3 割付け後の $L_{16}(2^{15})$ 直交表

第5章 多くの因子の影響を見るための実験(2水準直交表実験)

[1]に因子 A,
[2]に因子 B,
[4]に因子 C,
[8]に因子 D,
[11]に因子 E,
[13]に因子 F,
[14]に因子 G,

を割り付けた．このように書くと，各列の下に書かれている「1」や「2」は，列の上に書いた因子の水準という意味になる．例えば，[1]の列は因子 A の列であり，No.1～No.8 の行はすべて第1水準，No.9～No.16 の行はすべて第2水準という意味である．No. は実験という意味だったので，因子 A については，「実験 No.1～No.8 までは第1水準で，No.9～No.16 までは第2水準で実験を行え」という実験指示である．他の列も同様である．したがって，No.1 の行を横方向に見ると，割り付けた因子の列に対応する要素は，順に (1, 1, 1, 1, 1, 1, 1) であるので，「因子 A から因子 G の因子をすべて第1水準に設定して実験を行え」という意味である．他にも，8番目の行，実験 No.8 では，8番目の行を横に見ていき，割り付けた因子の列に対応する要素が，(1, 2, 2, 2, 1, 1, 2) であるので，実験は

因子 A は第1水準
因子 B は第2水準
因子 C は第2水準
因子 D は第2水準
因子 E は第1水準
因子 F は第1水準
因子 G は第2水準

の組合せで実験を行え，ということである．この水準の組合せを「$A_1B_2C_2D_2E_1F_1G_2$」のように書き，図5.4のように，すべての実験について組合せを表記しておく．

5.4 2水準直交表 $L_{16}(2^{15})$ による実験

列番 No.	[1]	[2]	[3]	[4]	[5]	[6]	[7]	[8]	[9]	[10]	[11]	[12]	[13]	[14]	[15]	水準の組合せ
1	1	1	1	1	1	1	1	1	1	1	1	1	1	1	1	$A_1B_1C_1D_1E_1F_1G_1$
2	1	1	1	1	1	1	1	2	2	2	2	2	2	2	2	$A_1B_1C_1D_2E_2F_2G_2$
3	1	1	1	2	2	2	2	1	1	1	1	2	2	2	2	$A_1B_1C_2D_1E_1F_2G_2$
4	1	1	1	2	2	2	2	2	2	2	2	1	1	1	1	$A_1B_1C_2D_2E_2F_1G_1$
5	1	2	2	1	1	2	2	1	1	2	2	1	1	2	2	$A_1B_2C_1D_1E_2F_1G_2$
6	1	2	2	1	1	2	2	2	2	1	1	2	2	1	1	$A_1B_2C_1D_2E_1F_2G_1$
7	1	2	2	2	2	1	1	1	1	2	2	2	2	1	1	$A_1B_2C_2D_1E_2F_2G_1$
8	1	2	2	2	2	1	1	2	2	1	1	1	1	2	2	$A_1B_2C_2D_2E_1F_1G_2$
9	2	1	2	1	2	1	2	1	2	1	2	1	2	1	2	$A_2B_1C_2D_1E_2F_2G_1$
10	2	1	2	1	2	1	2	2	1	2	1	2	1	2	1	$A_2B_1C_1D_1E_1F_1G_1$
11	2	1	2	2	1	2	1	1	2	1	2	2	1	2	1	$A_2B_1C_2D_1E_2F_1G_2$
12	2	1	2	2	1	2	1	2	1	2	1	1	2	1	2	$A_2B_1C_2D_2E_1F_2G_1$
13	2	2	1	1	2	2	1	1	2	2	1	1	2	2	1	$A_2B_2C_1D_1E_1F_2G_2$
14	2	2	1	1	2	2	1	2	1	1	2	2	1	1	2	$A_2B_2C_1D_2E_2F_1G_1$
15	2	2	1	2	1	1	2	1	2	2	1	2	1	1	2	$A_2B_2C_2D_1E_1F_1G_1$
16	2	2	1	2	1	1	2	2	1	2	1	2	2	1	$A_2B_2C_2D_2E_2F_2G_2$

注) 成分は省略した.

図 5.4 実験する因子の水準の組合せ

No.1〜No.16 までの 16 回の実験は,ランダムな順に行う.多くの因子を取り上げると,実験する水準の組合せが複雑になる.実験の際には,水準の組合せや実験の順序を記載したカード(**図 5.5**),実験指示書などを作成し,間違いを防ぐように工夫する.また,カードをくじ引きすれば,ランダムな順序が得られる.

すべての実験が終了したら,**図 5.6** のように直交表のほうへデータを転記する.なぜなら,データの解析にも直交表が必要だからである.ここでは転記ミスを防ごう.カードに記載しておいた実験 No. で並べ替えるなどの工夫をする.

第5章　多くの因子の影響を見るための実験(2水準直交表実験)

```
○                実験順序：＿＿＿＿＿＿＿

実験 No.1
| 因子 | 第1水準 | 第2水準 |
|------|---------|---------|
| 因子 A：羽の長さ | 7.0 cm | 3.0 cm |
| 因子 B：羽の幅 | 2.0 cm | 1.0 cm |
| 因子 C：台の長さ | 1.5 cm | 0.5 cm |
| 因子 D：切込み量 | 0.5 cm | 0.0 cm |
| 因子 E：胴の長さ | 5.0 cm | 3.0 cm |
| 因子 F：おもりの個数 | 2個 | 1個 |
| 因子 G：紙の長さ | 85 g/m² | 40 g/m² |

滞空時間：　　　　　（秒）

備考：＿＿＿＿＿＿＿＿＿＿＿＿＿＿＿＿＿

実験者：＿＿＿＿＿＿＿＿
```

図 5.5　実験指示カード

5.4.2　実験データの解析(分散分析)

　主効果や交互作用効果の解析は，今までどおり，分散分析表を作成して行う．平方和，自由度，平均平方，F_0 を順に求めていけばよい．2水準の直交表実験においては，1元配置や2元配置のときよりも，平方和の計算が簡単になる．

(1)　平方和の計算

　まず，主効果の平方和の求め方から説明する．平方和は，

$$\frac{((第1水準に対応するデータの和) - (第2水準に対応するデータの和))^2}{n}$$

で求められる．例えば，主効果 A(因子 A) の平方和を求めてみる．因子 A は

5.4 2水準直交表 $L_{16}(2^{15})$ による実験

No. \ 列番	A [1]	B [2]	C [4]	D [8]	E [11]	F [13]	G [14]	水準の組合せ	滞空時間(秒)
1	1	1	1	1	1	1	1	$A_1B_1C_1D_1E_1F_1G_1$	3.81
2	1	1	1	2	2	2	2	$A_1B_1C_1D_2E_2F_2G_2$	2.95
3	1	1	2	1	1	2	2	$A_1B_1C_2D_1E_1F_2G_2$	3.21
4	1	1	2	2	2	1	1	$A_1B_1C_2D_2E_2F_1G_1$	3.03
5	1	2	1	1	2	1	2	$A_1B_2C_1D_1E_2F_1G_2$	4.24
6	1	2	1	2	1	2	1	$A_1B_2C_1D_2E_1F_2G_1$	2.81
7	1	2	2	1	2	2	1	$A_1B_2C_2D_1E_2F_2G_1$	3.23
8	1	2	2	2	1	1	2	$A_1B_2C_2D_2E_1F_1G_2$	3.77
9	2	1	1	1	2	2	1	$A_2B_1C_1D_1E_2F_2G_1$	2.67
10	2	1	1	2	1	1	2	$A_2B_1C_1D_2E_1F_1G_2$	2.61
11	2	1	2	1	2	1	2	$A_2B_1C_2D_1E_2F_1G_2$	2.66
12	2	1	2	2	1	2	1	$A_2B_1C_2D_2E_1F_2G_1$	2.98
13	2	2	1	1	1	2	2	$A_2B_2C_1D_1E_1F_2G_2$	3.39
14	2	2	1	2	2	1	1	$A_2B_2C_1D_2E_2F_1G_1$	2.42
15	2	2	2	1	1	1	1	$A_2B_2C_2D_1E_1F_1G_1$	2.39
16	2	2	2	2	2	2	2	$A_2B_2C_2D_2E_2F_2G_2$	3.01

注) 因子の割付けがない列,および,成分は省略した.

図5.6 データを書き入れた直交表

第1列に割り付けてあるから,第1列において,

$$\frac{((第1水準に対応するデータの和)-(第2水準に対応するデータの和))^2}{n}$$

を計算すればよい.第1水準に対応するデータは No.1〜No.8 のデータであり,第2水準に対応するデータは No.9〜No.16 に対応するデータである.すなわち,主効果 A の平方和は,

第1水準に対応するデータの和

$= 3.81 + 2.95 + 3.21 + 3.03 + 4.24 + 2.81 + 3.23 + 3.77 = 27.05$

第2水順に対応するデータの和

$= 2.67 + 2.61 + 2.66 + 2.98 + 3.39 + 2.42 + 2.39 + 3.01 = 22.13$

$$S_A = \frac{(27.05 - 22.13)^2}{16} = 1.5129$$

である．主効果 B から G についても同様である．

次に，2因子交互作用効果の平方和を求める．求め方は次の2ステップである．

Step 1 2因子交互作用効果を計算するための列を求める．
Step 2 Step 1 で求めた列を用いて，主効果と同じように計算する．

Step 1 で求める列のことを，「交互作用列」ともいう．交互作用列を求める方法は次の2通りがある．

① 交互作用列の表(**図 5.7**)を引く．

列＼列	[1]	[2]	[3]	[4]	[5]	[6]	[7]	[8]	[9]	[10]	[11]	[12]	[13]	[14]	[15]
[1]		3	2	5	4	7	6	9	8	11	10	13	12	15	14
[2]			1	6	7	4	5	10	11	8	9	14	15	12	13
[3]				7	6	5	4	11	10	9	8	15	14	13	12
[4]					1	2	3	12	13	14	15	8	9	10	11
[5]						3	2	13	12	15	14	9	8	11	10
[6]							1	14	15	12	13	10	11	8	9
[7]								15	14	13	12	11	10	9	8
[8]									1	2	3	4	5	6	7
[9]										3	2	5	4	7	6
[10]											1	6	7	4	5
[11]												7	6	5	4
[12]													1	2	3
[13]														3	2
[14]															1

図 5.7 交互作用列を求める表

② 成分記号の計算で求める．

成分記号とは，直交表の成分の欄に書かれている a, b, c, d などのアルファベットのことである．

Step 1 2因子交互作用効果を計算するための列を求める．

1) 交互作用列の表を引く

図 5.7 は交互作用列の表である．縦の列と横の列がクロスしたところに書いてある数字が，縦の列と横の列の交互作用列である．例えば，$A \times B$ の列は，因子 A が第 1 列，因子 B が第 2 列に割り付けられているので，交互作用列の表において，縦の列 [1] と横の列 [2] を見て，クロスしたところの数字「3」であるので，$A \times B$ の列は第 3 列である．

2) 成分記号の計算で求める

因子 A が第 1 列，因子 B が第 2 列に割り付けられているので，第 1 列の成分記号「a」と第 2 列の成分記号「b」を用いる．交互作用が $A \times B$ と"掛け算"で表記されているように，成分記号も同様に掛け算を行えば，$A \times B$ の列が求まる．つまり，

$$a \times b = ab$$

であり，ab と書かれている列は第 3 列なので，$A \times B$ の列は第 3 列である．成分記号で求める場合，若干の注意が必要である．例えば，$A \times E$ の列を求めるときである．因子 E は第 11 列に割り付けられているので，成分記号 abd を用いて掛け算をすると，

$$a \times abd = a^2 bd$$

である．しかし，成分記号が $a^2 bd$ という列はない．a^2 となった場合，$a^2 = 1$ としなければならない．そういう計算法則である．なので，$a^2 = b^2 = c^2 = d^2 = 1$ である．したがって，$A \times E$ の列は bd となり，第 10 列である．

以上のようにして，解析したい交互作用について交互作用の列を求めると，

$A \times B$ は第3列, $A \times C$ は第5列, $A \times D$ は第9列, $A \times E$ は第10列, $C \times D$ は第12列, $C \times E$ は第15列になる.

Step 2 Step 1で求めた列を用いて, 主効果と同じように計算する.

$A \times B$の平方和を求めてみよう. $A \times B$の列は第3列だったので, 第3列において,

$$\frac{((\text{第1水準に対応するデータの和}) - (\text{第2水準に対応するデータの和}))^2}{n}$$

を計算すればよい. 第3列の第1水準に対応するデータは, No.1, No.2, No.3, No.4, No.13, No.14, No.15, No.16 である. 第2水準に対応するデータは, No.5, No.6, No.7, No.8, No.9, No.10, No.11, No.12 である. よって,

(第1水準に対応するデータの和)
$= 3.81 + 2.95 + 3.21 + 3.03 + 3.39 + 2.42 + 2.39 + 3.01$
$= 24.21$

(第2水準に対応するデータの和)
$= 4.24 + 2.81 + 3.23 + 3.77 + 2.67 + 2.61 + 2.66 + 2.98$
$= 24.97$

$$S_{A \times B} = \frac{(24.21 - 24.97)^2}{16} = 0.0361$$

である.

同様にして, 他の交互作用 $A \times C$, $A \times D$, $A \times E$, $C \times D$, $C \times E$ の平方和も計算すればよい.

最後に誤差平方和を求める. 誤差の平方和は, これまでどおり, 総平方和からすべての効果の平方和を引けばよい. すなわち,

$$S_e = S_T - (S_A + S_B + S_C + S_D + S_E + S_F + S_G + S_{A \times B} + S_{A \times C} + S_{A \times D} + S_{A \times E} + S_{C \times D} + S_{C \times E})$$

である. もしくは, 何も割り付けられていない, すなわち, 因子が割り付けら

5.4 2水準直交表 $L_{16}(2^{15})$ による実験

れておらず，交互作用列でもない列の平方和を合計して求めることもできる．今回の実験では，第6列と第7列が何もない列である．第6列にあたかも何かの効果があると仮定して，主効果や交互作用と同様に平方和を求めると，

（第1水準に対応するデータの和）

$= 3.81(\text{No.1}) + 2.95(\text{No.2}) + 3.23(\text{No.7}) + 3.77(\text{No.8})$
$\quad + 2.67(\text{No.9}) + 2.61(\text{No.10}) + 2.39(\text{No.15}) + 3.01(\text{No.16})$
$= 24.44$

（第2水準に対応するデータの和）

$= 3.21(\text{No.3}) + 3.03(\text{No.4}) + 4.24(\text{No.5}) + 2.81(\text{No.6})$
$\quad + 2.66(\text{No.11}) + 2.98(\text{No.12}) + 3.39(\text{No.13}) + 2.42(\text{No.14})$
$= 24.74$

$$S_{[6]} = \frac{(24.44 - 24.74)^2}{16} = 0.0056$$

である．第7列も同様にして平方和を求めると，

$$S_{[7]} = \frac{(25.21 - 23.97)^2}{16} = 0.0961$$

である．よって，誤差平方和は，

$$S_e = S_{[6]} + S_{[7]} = 0.1017$$

である．

(2) 自由度

主効果，交互作用とも1である．なぜなら，主効果(因子)の自由度は(水準数) − 1であり，交互作用の自由度は因子どうし自由度の掛け算だからである．

誤差の自由度は，平方和と同様に，(全データ数 n) − (主効果および交互作用の数)で求めるか，何もない列の数で求めるかである．

(3) 平均平方

平均平方はいつでも，$\dfrac{(平方和)}{(自由度)}$ である．

(4) 分散比 F_0

F_0 もいつでも，$\dfrac{(平均平方)}{(誤差の平均平方)}$ である．

以上を分散分析表(表5.2)にまとめる．

表 5.2 分散分析表

要因	平方和	自由度	平均平方	F_0	
A	1.5129	1	1.51290	29.745	*
B	0.1122	1	0.11222	2.206	
C	0.0240	1	0.02402	0.472	
D	0.2550	1	0.25503	5.014	
E	0.0361	1	0.03610	0.710	
F	0.0289	1	0.02890	0.568	
G	0.3906	1	0.39063	7.680	
$A \times B$	0.0361	1	0.03610	0.710	
$A \times C$	0.0169	1	0.01690	0.332	
$A \times D$	0.2116	1	0.21160	4.160	
$A \times E$	0.0132	1	0.01323	0.260	
$C \times D$	1.3340	1	1.33403	26.228	*
$C \times E$	0.0004	1	0.00040	0.008	
誤差	0.1017	2	0.05086		
合計	4.0738	15			

(5) 検定

各要因について，効果があるかどうかの検定を行う．これまでと同様，帰無仮説 H_0 と対立仮説 H_1 は，例えば，因子 A については，

H_0：羽の長さ(因子 A)に効果がない

H_1：羽の長さ(因子 A)に効果がある

である．もし，効果がなければ，$F_0 = V_A/V_e$ は分子の自由度 1，分母の自由 2 の F 分布に従う．したがって，

$F_0 \geq F(1, 2 ; 0.05)$

のとき，帰無仮説を棄却する．実際，$F(1, 2 ; 0.05) = 18.5$ なので，$F_0 = 29.745 \geq F(2, 9 ; 0.05)$ が成り立ち，羽の長さには効果があるといえる．

要因についても同様に検定を行うと，主効果 A と交互作用 $C \times D$ が有意となった．

これだけの因子(主効果)や交互作用を取り上げ，実験を行ったにもかかわらず，有意となった要因は 2 つだけであった．2 水準直交表実験の目的は，効果のありそうな因子や交互作用を多く取り上げ，大まかに選別し，さらに次に詳細な実験につなげることであった．このまま次の実験へ進んでいいだろうか．物理的に考えると因子 F(おもりの個数)や因子 G(紙の重さ)は，滞空時間に大きな影響を与えると思うが，なぜ，有意にならないのだろうか．もしかしたら，実験のやり方がまずかったのであろうか．

今回は 2 つの要因が有意となったが，2 水準直交表実験では，1 つも有意となる因子がない場合もそれなりにある．その理由は，多くの要因を取り上げるため誤差の自由度が小さくなるからである．1 元配置や 2 元配置の誤差の自由度を思い返してほしい．1 元配置では，データ数は 12 個で，本実験より少ないが，誤差の自由度は 8 であり，本実験よりはるかに大きい．誤差の自由度が小さいと，効果の大きさがよほど大きくない限り，有意にならないのである．ゆえに，有意となった主効果 A と交互作用 $C \times D$ は，かなり効果がある，つまり，滞空時間に対して強い影響力があるといえる．この誤差の自由度の小さ

さを解消するために，2水準直交表実験では次に示すプーリングという操作を行うことが多い．

5.5 プーリング

効果のなかで，誤差と考えられる効果の平方和を誤差の平方和に統合することをプーリングという．F_0 は効果（の平均平方）と誤差（の平均平方）の比であるので，F_0 が大きいと効果があり，小さいと効果がないと判断できる．しかし，検定で有意にならなかったといって効果がない，つまり，誤差であるとはいえない．誤差に比べて効果が小さかっただけかもしれないからである．とはいっても，本当に効果がなく，その平方和が誤差だけから構成されていたとすると，やはり，F_0 は小さくなる可能性が高いだろう．単純にいうと，誤差と誤差の比なのだから $F_0 = 1$ ぐらいになるのではないかと思われる．そこで，F_0 が小さいとき，その要因の効果はなく，誤差であるとして，その要因の平方和を誤差の平方和へ統合する．その結果として，誤差の自由度が高くなり，効果をもつ要因を検出しやすくするわけである．

ある要因をプーリングするかしないかの判断基準に絶対的なものはないが，

「$F_0 \leqq 2.0$ である要因はプーリングする」

という基準がよく用いられている．誤差どうしの比ならば $F_0 = 1$，実際にはデータにはばらつきがあるので，その2倍までは誤差の範囲とみなそうということであろう．また，

「交互作用をプーリングしないならば，その交互作用を構成する主効果もプーリングしない」

というルールもよく用いられる．例えば，交互作用 $A \times B$ をプーリングしないならば，主効果 A も B もプーリングしないということである．主効果 A および B が本当にゼロで，交互作用 $A \times B$ だけがある状況というのは，B_1 での A_1 から A_2 への真値の変化と B_2 での A_1 から A_2 への真値の変化とが相殺される

という状況である．このような状況は実際には考えにくいということである．

以上の2つのルールを用いて，プーリングを行う．交互作用からプーリングしていけばよい．$F_0 \leq 2.0$ である交互作用は，$A \times B$，$A \times C$，$A \times E$，$C \times E$ である．これらはすべて誤差へプーリングする．残る交互作用は，$A \times D$，$C \times D$ である．よって，A，C，D は何があってもプーリングしてはならない．主効果については，E と F をプーリングする．したがって，プーリング後の誤差の平方和は，

$$S_e' = S_e + S_{A \times B} + S_{A \times C} + S_{A \times E} + S_{C \times E} + S_E + S_F$$
$$= 0.1017 + 0.0361 + 0.0169 + 0.0132 + 0.0004 + 0.0361$$
$$+ 0.0289$$
$$= 0.2333$$

である．また，誤差に加えられた平方和の数が増えたので，誤差の自由度も加えた平方和分だけ増える．したがって，誤差の自由度は8である．誤差の平方和が変わったので，プーリング後の分散分析表は表5.3のようになる．

表5.3 プーリング後の分散分析表

要因	平方和	自由度	平均平方	F_0	
A	1.5129	1	1.5129	51.867	**
B	0.1122	1	0.112225	3.847	
C	0.0240	1	0.024025	0.823	
D	0.2550	1	0.255025	8.743	*
G	0.3906	1	0.390625	13.392	**
$A \times D$	0.2116	1	0.2116	7.254	*
$C \times D$	1.3340	1	1.334025	45.735	**
誤差	0.2334	8	0.02916875		
合計	4.0738	15			

効果の検定は誤差の自由度が変わったので，$F_0 \geqq F(1, 8 ; 0.05)$ のとき，帰無仮説を棄却し，効果があると判定すればよい．$F(1, 8 ; 0.05) = 5.32$，$F(1, 8 ; 0.01) = 11.259$ であるので，主効果 A，主効果 G，交互作用 $C \times D$ が高度に有意である．主効果 D，交互作用 $A \times D$ が有意である．

5.6 最適水準の選択

2水準直交表実験の目的は，効果のある因子と効果があまりない因子を大まかに分け，ものを最適化するための狙いを定めることであるから，この実験だけで最適なものを選び出すわけではない．最適水準とあるが，ここでは，今後に続く実験において，どちらの水準に注目すればよいかという意味での最適な水準を決める．有意であった要因は，主効果 A，主効果 G，交互作用 $C \times D$，主効果 D，交互作用 $A \times D$ であった．主効果 A と主効果 D はそれらに絡む交互作用 $A \times D$ と $C \times D$ が有意であったので，因子 A，C，D はこの組合せで最適な水準を選ぶ必要がある．因子 G は単独で有意であったため，他の因子のことは気にせず，因子 G だけで選べばよい．

まずは簡単な因子 G の最適水準を選ぶ．因子 G が割り付けられている第14列を見て，第1水準(No.1, 4, 6, 7, 9, 12, 14, 15)に対応するデータの平均値と第2水準(No.2, 3, 5, 8, 10, 11, 13, 16)に対応するデータの平均値を比較すればよい．すなわち，

(第1水準に対応するデータの平均値)

$$= \frac{[3.81 + 3.03 + 2.81 + 3.23 + 2.67 + 2.98 + 2.42 + 2.39]}{8}$$

$= 2.918$

(第2水準に対応するデータの平均値)

$$= \frac{[2.95 + 3.21 + 4.24 + 3.77 + 2.61 + 2.66 + 3.39 + 3.01]}{8}$$

$= 3.230$

である．滞空時間は長いほうがよいから，因子 G は第2水準のほうがよい．

5.6 最適水準の選択

紙の重さは 40 g/m² のほうがよいということである．

因子 G の最適水準を決めるのに，なぜ単純に第 1 水準の平均値と第 2 水準の平均値を比較すればよいのかということを説明する．**図 5.6** の水準の組合せを見てほしい．因子 G の第 1 水準に対応するデータに，因子 A の第 1 水準 (A_1) と第 2 水準 (A_2) は何回ずつ登場しているであろうか．No.1, No.4, No.6, No.7 のデータには A_1 が入っており，No.9, No.12, No.14, No.15 のデータには A_2 が入っている．因子 G の第 1 水準に対応するデータには，因子 A の各水準の影響を受けたデータが同数個入っている．因子 G の第 2 水準に対応するデータについてはどうだろうか．No.2, No.3, No.5, No.8 のデータには A_1 が入っており，No.10, No.11, No.13, No.16 のデータには A_2 が入っている．こちらも，因子 A の各水準の影響を受けたデータが同数個入っている．同様のことを因子 B についてもやってみるとやはり，因子 G の第 1 水準のデータにも，第 2 水準のデータにも，因子 B の各水準が同数個入っている．因子 C, D, E, F についても同じことがいえる．このことを模式的に表してみると，

(第 1 水準に対応するデータの合計)
$= 8G_1 + 4A_1 + 4A_2 + 4B_1 + 4B_2 + 4C_1 + 4C_2 + 4D_1 + 4D_2 + 4E_1 + 4E_2 + 4F_1 + 4F_2$

(第 2 水準に対応するデータの合計)
$= 8G_2 + 4A_1 + 4A_2 + 4B_1 + 4B_2 + 4C_1 + 4C_2 + 4D_1 + 4D_2 + 4E_1 + 4E_2 + 4F_1 + 4F_2$

のようになる．よって，(第 1 水準に対応するデータの平均値) と (第 2 水準に対応するデータの平均値) の差は，因子 G だけの差 $(G_1 - G_2)$ である．それゆえ，ただ単純に因子 G の第 1 水準の平均値と第 2 水準の平均値を比較すればよいのである．

因子 A, C, D の最適水準を選ぼう．因子 A, C, D に関しては，$A \times D$ と $C \times D$ が有意であるので，因子 A と因子 D の組合せで最適水準，因子 C と因子 D の組合せで最適水準を選ぶ．**図 5.6** から因子 A と因子 D の組合せでまと

めたデータ表(表5.4),因子 C と因子 D の組合せでまとめたデータ表(表5.5)をそれぞれ作成する.それぞれの表において,組合せにおける平均値を算出し,最も値の高い組合せが,それぞれの組合せにおける最適水準である.組合せにおける平均値を表5.6および表5.7に示す.表5.6から A_1D_1 の組合せが,表

表 5.4 因子 A と因子 D の組合せでまとめたデータ表

	A_1		A_2	
D_1	3.81	3.21	2.67	2.66
	4.24	3.23	3.39	2.39
D_2	2.95	3.03	2.61	2.98
	2.81	3.77	2.42	3.01

表 5.5 因子 C と因子 D の組合せでまとめたデータ表

	C_1		C_2	
D_1	3.81	2.67	3.21	2.66
	4.24	3.39	3.23	2.39
D_2	2.95	2.61	3.03	2.98
	2.81	2.42	3.77	3.01

表 5.6 因子 A と因子 D の組合せにおける平均値

	A_1	A_2
D_1	3.623	2.778
D_2	3.140	2.755

表 5.7 因子 C と因子 D の組合せにおける平均値

	C_1	C_2
D_1	3.5275	2.8725
D_2	2.6975	3.1975

5.7 から C_1D_1 の組合せが最適である．これらを総合すると，因子 A, C, D に関しては，

　　因子 A：第 1 水準，因子 C：第 1 水準，因子 D：第 1 水準

が最適水準である．

以上をまとめると，

　　因子 A：第 1 水準

　　因子 C：第 1 水準

　　因子 D：第 1 水準

　　因子 G：第 2 水準

とした場合，滞空時間が長くなる．次に実験においては，これらの周辺へ水準をシフトさせ，詳しく調べるとよい．ただし，2 因子交互作用効果 $A \times D$ と $C \times D$ が有意であったので，これらの効果を解析できる実験計画を組む必要があるだろう．有意でなかった効果である因子 B, E, F は，作成のしやすさや経済性などを考慮して，どちらかの水準に固定してもよいだろう．次回の実験は，4 因子で 2 つの 2 因子交互作用効果を解析できる実験計画が必要なので，$L_8(2^7)$ を行うことが考えられる．

5.7　線　点　図

交互作用の平方和を計算するためには，交互作用列がわからなければならない．交互作用列は，交互作用を構成する主効果の列によって決まる．今回の実験では，第 1 列に因子 A，第 2 列に因子 B，第 4 列に因子 C，第 8 列に因子 D，第 11 列に因子 E，第 13 列に因子 F，第 14 列に因子 G を割り付け，交互作用列は $A \times B$ は第 3 列，$A \times C$ は第 5 列，$A \times D$ は第 9 列，$A \times E$ は第 10 列，$C \times D$ は第 12 列，$C \times E$ は第 15 列となった．今回は，交互作用列がすべて異なっていたが，因子をどのような割付けにしても，すべて異なるのだろうか．交互作用列の表をよく見てほしい．例えば，交互作用列が第 3 列になるのは，第 1 列と第 2 列の組合せだけではなく，第 6 列と第 7 列でも交互作用列が第 3 列になるのである．例えば，第 1 列に因子 A，第 2 列に因子 B，第 5 列に因子

C, 第6列に因子 D, 第13列に因子 F, 第14列に因子 G を割り付けたとしよう. そうすると, $A \times B$ の交互作用列は第3列, $C \times D$ の交互作用列も第3列である. そのとき, $A \times B$ の平方和は第3列を用いて計算し, $C \times D$ の平方和もやはり第3列を用いて同じ計算をする. したがって, 計算された平方和は, $A \times B$ の平方和なのか $C \times D$ の平方和なのか, 区別がつかない. このようなことを**交絡**という. 因子の割付けは, 解析したい交互作用が交絡しないように行わなければならない. 交互作用列の表や成分記号をにらみながら, 試行錯誤するわけだが, 取り上げる因子や交互作用の数が多くなると, 交絡しないように割り付けるのが難しくなってくる. そこで田口玄一博士が開発したのが線点図である.

線点図とは, 主効果を点, 交互作用を線として表した図である. まず, はじめに, 主効果(因子)の数だけ点を打つ(図5.8). 次に, 解析したい交互作用を線で結ぶ(図5.9). 例えば, $A \times B$ を解析したいので, 点 A と点 B を結び, $A \times B$ と書き入れる. 図5.9を(解析に)必要な線点図という. この必要な線点図に対して, 用意された線点図(図5.10)がある. 用意された線点図をよく見てみよう. 点と線の上に数字が書いてあるのがわかる. この数字は直交表の列の番号である. つまり, 用意された線点図とは, 主効果を割り付けた列と交互作用列との関係を図形で表したものである. 用意された線点図(図5.10)に必要な線点図(図5.9)を当てはめれば, 自動的に交絡せずに割付けができるのである. 図5.9は図5.10の(1)に当てはめることができる. 当てはめるとき,

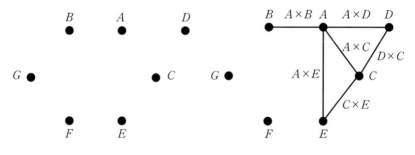

図5.8 線点図(主効果のみ)　　　図5.9 必要な線点図

5.7 線点図

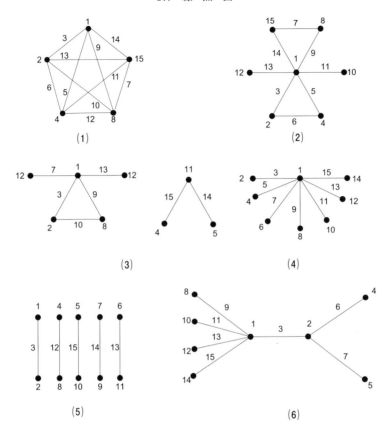

図 5.10 用意された線点図

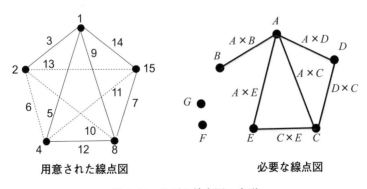

図 5.11 必要な線点図の変形

関係性を崩さなければ，必要な線点図を適当に変形してよい．例えば，図 5.11 のように変形すれば，図 5.10 の (1) に当てはまることがわかる．用意された線点図(図 5.10 の (1))には，因子 F と因子 G の点が当てはまるところがないが，用意された線点図の点線の部分に当てはめてよい．なぜなら，点線部分は，必要な線点図の図形部分を当てはめた後の余っている列だからである．

図 5.11 のように，必要な線点図を用意された線点図へ当てはめた後，対応する番号を読めば，因子を割り付けるべき列番号と交互作用列がわかるのである．そうすると，図 5.11 より，因子 A を第 1 列，因子 B を第 2 列，因子 C を第 8 列，因子 D を第 15 列に割り付ければよく，因子 F は第 6 列，因子 G は第 13 列にでも割り付ければよい．さらに，$A \times B$ の交互作用列は第 3 列，$A \times C$ は第 9 列，$A \times D$ は第 14 列，$A \times E$ は第 5 列，$C \times D$ は第 7 列，$C \times E$ は第 12 列になることがわかる．今回の実験とは異なる割付けが導かれたが，この割付けでも交絡せずに，うまく解析できるわけである．

5.8　2 水準直交表の種類

2 水準直交表は，実験回数を n とすると $n-1$ 個の列をもつ．実験回数が n の 2 水準直交表を $L_n(2^{n-1})$ と表記する．この表記は，$L_{実験回数}(水準数^{列数})$ という構造になっている．

最も基本的な 2 水準直交表は，実験回数 n が 2 のベキ乗 $(2^k, k = 2, 3, \cdots)$ のものであり，

$$L_4(2^3), \ L_8(2^7), \ L_{16}(2^{15}), \ L_{32}(2^{31}), \ \cdots$$

がある．特に $L_8(2^7)$，$L_{16}(2^{15})$，$L_{32}(2^{31})$ はよく用いられる．$L_{12}(2^{11})$ という 2 水準直交表(プラケット・バーマン計画という)も存在するが，本章で説明した方法では交互作用を解析することができないので，すべての交互作用を無視できる場合に主効果のみを解析する実験に用いられている．

5.9　2 水準直交表実験の解析手順

手順 1　特性，因子，水準，解析したい (2 因子) 交互作用を決める．

5.9 2水準直交表実験の解析手順

手順2 2水準直交表を選択する.

列数が(因子数)+(解析したい交互作用数)+1より多い直交表を選択する.

手順3 因子を割り付ける.

交互作用列を求める表や線点図,成分記号を用いて,交絡しないように因子を直交表へ割り付ける.

手順4 実験の順序をランダムに決め,実験を行う.

手順5 データをグラフ化し,考察する.

主効果グラフは,5.5節の最適水準の選択における因子 G の最適水準の選

表5.8 各因子における第1水準と第2水準の平均値(秒)

因子	A	B	C	D	E	F	G
第1水準	3.381	2.990	3.113	3.200	3.121	3.116	2.918
第2水準	2.766	3.158	3.035	2.948	3.026	3.031	3.230

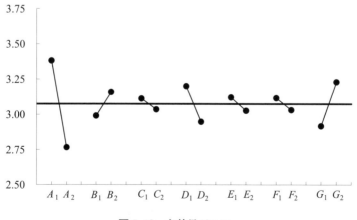

図 5.12 主効果グラフ

択と同様の方法で作成する．すなわち，各主効果に対して，（第1水準に対応するデータの平均値）および（第2水準に対応するデータの平均値）を求め（表5.8），図5.12のようなグラフを作成する．

主効果グラフから，主効果 A が他とかけ離れて大きく，次いで主効果 G や D が大きそうであると予想される．

解析する2因子交互作用については，表5.6と同様に，2つの因子の組合せ

表5.9 組合せにおける平均値(秒)

		A	
		1	2
B	1	3.250	2.730
	2	3.513	2.803

		A	
		1	2
C	1	3.453	2.773
	2	3.310	2.760

		A	
		1	2
D	1	3.623	2.778
	2	3.140	2.755

		A	
		1	2
E	1	3.400	2.843
	2	3.363	2.690

		C	
		1	2
C	1	3.528	2.873
	2	2.698	3.198

		A	
		1	2
D	1	3.155	3.088
	2	3.070	2.983

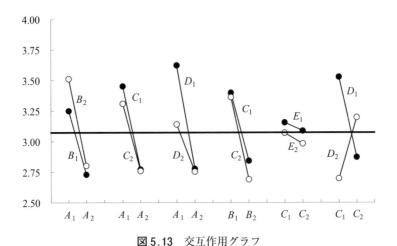

図5.13 交互作用グラフ

における平均値の表(表 5.9)を作成し，交互作用グラフとしてグラフ化する (図 5.13).

交互作用グラフから $A \times D$, $C \times D$ が大きそうであると予想される.

手順 6 平方和を計算する.
① 主効果の平方和
割り付けた因子の列において，

$$\frac{\{(第 1 水準のデータの合計) - (第 2 水準のデータの合計)\}^2}{n}$$

が主効果の平方和である.

② 交互作用の平方和
手順 3 の割付け時に明らかとなった交互作用列において，

$$\frac{\{(「1」に対応するデータの合計) - (「2」に対応するデータの合計)\}^2}{n}$$

が交互作用の平方和である.「1」および「2」は，交互作用列中に表記されている数字である.

③ 誤差平方和 (S_e)
方法 1：総平方和 S_T から，主効果および交互作用の平方和を引く.
方法 2：何も割り付けられていない各列において，

$$\frac{\{(「1」に対応するデータの合計) - (「2」に対応するデータの合計)\}^2}{n}$$

を求め，それらを合計する.「1」および「2」は，交互作用列中に表記されている数字である.

④ 総平方和 (S_T)
データを実験 No. の順に y_1, …, y_n とすると，

$$S_T = \sum_{i=1}^{n}(y_i - \bar{y}.)^2$$

である.

手順7 自由度を求める.
- すべて2水準なので，主効果の平方和の自由度は1である.
- 交互作用の平方和の自由度は，含まれている主効果の自由度の積なので，すべて1である.
- 誤差平方和の自由度は，
    方法1：(総平方和の自由度 $n-1$)から主効果および交互作用の平方和の自由度を引く.
    方法2：何も割り付けられていない列数.
- 総平方和の自由度は，つねに(データ数) -1 なので，$n-1$.

手順8 平均平方を求める.
　平均平方は，どの要因に対しても，平方和／自由度.

手順9 各要因の分散比を求めて，以上を分散分析表(表5.10)にまとめる.

表5.10　分散分析表

要因	平方和	自由度	平均平方	F_0
因子 A	S_A	1	V_A	V_A/V_e
⋮	⋮	⋮	⋮	⋮
交互作用 $A \times B$	$S_{A \times B}$	1	$V_{A \times B}$	$V_{A \times B}/V_e$
⋮	⋮	⋮	⋮	⋮
誤差	S_e	ϕ_e	V_e	
全体	S_T	$n-1$		

手順 10 各要因の効果を検定する．

すべての要因において，分散比 F_0 の分子の自由度が 1，分母の自由度が 1 である．したがって，どの要因についても，$F_0 \geqq F(1, \phi_e; \alpha)$ のとき，その要因に効果があるといえる．

必要に応じてプーリングする．

① プーリング：他の要因と比べて（相対的に見て）ほぼ誤差とみなせる要因の平方和を誤差平方和へ統合すること．プーリングの規準に絶対なものはないが，以下の規準が割とよく用いられている．

② プーリングの規準
   1) $F_0 \leqq 2.0$ の要因
   2) 交互作用をプーリングしないならば，その交互作用を構成する主効果もプーリングしない．例えば，交互作用 $A \times B$ をプーリングしないとき，主効果 A および B もプーリングしない．

手順 11 次の実験のための最適水準の選択

① 単独で有意な主効果：図 5.12 にもとづいて選択する．
② 有意な 2 因子交互作用：図 5.13 にもとづいて選択する．

有意な 2 因子交互作用が複数ある場合，基本的には個々に選択すればよいが，$A \times B$ および $A \times C$ のように 2 因子交互作用に共通する主効果がある場合（この場合は主効果 A），個々に選択した結果に矛盾が生じることがある．例えば，$A \times B$ に対しては $A_1 B_1$ が最適水準，$A \times C$ に対しては $A_2 C_1$ が最適水準と選択される場合があるということである．このときは，データの構造式を用いて考える必要があるので，永田靖著『入門　実験計画法』（日科技連出版社）など，より詳しい文献を参照されたい．

5.10 要因効果についての経験則

国外では要因効果についての経験則，Effect Hierarchy Principle，Effect Sparsity Principle，Effect Heredity Principle が取り上げられることが多い．

プーリングの規準②と似ているものもあるが，これらは効果があるかどうかについての経験則であり，誤差とみなせるかどうかに関するものではないことに注意してほしい．しかし，これらの法則はプーリングの規準に影響を与えていると思われるし，また，解析に取り上げる交互作用が基本的に2因子交互作用に限られること，最適水準の選択の方法などに影響を与えている．

要因効果の有意性についての経験則
- Effect Hierarchy Principle
    1) 低次の要因効果は高次の要因効果よりも，より大きな効果をもっている可能性が高い．
    2) 次数が同じ効果においては，その可能性は等しい．
      (注) 主効果，2因子交互作用，3因子交互作用，…の順により高次になる．
- Effect Sparsity Principle
    相対的に効果の大きい要因はそれほどない(少数である)．
- Effect Heredity Principle
    ある交互作用が効果をもっているとき，その交互作用を構成する主効果の少なくとも一つは効果をもっているはずである．
    また，これを weak heredity とよび，「主効果の少なくとも一つは」を「すべての主効果が」としたものを strong heredity とよぶこともある．

5.11 その他の例

この節では，日科技連出版社から出版された山田秀編著，葛谷和義，澤田昌志，久保田享著『実験計画法—活用編—』の第4章の例を題材として解説していく．

例　新型エンジンの開発に伴い，クランクシャフトも新規設計を行った．クランクシャフトの重要な品質特性に表面粗さがあるが，今回の開発で，要求される表面粗さの精度は既存よりさらに厳しくなった．そこで，表面粗さを確

保しているペーパーラップ工程において，最適な加工条件を検討することにした．

手順1 特性，因子，水準，解析したい(2因子)交互作用を決める．

既存製品における知見から，表5.11に示す因子と水準を取り上げ，最適な加工条件を探索する．表面粗さの値は小さいほど精度が高いことを示している．

表5.11 取り上げた因子と水準

因子	因子記号	第1水準	第2水準	単位
シューの種類	A	UR	WA	―
回転数	B	130	150	rpm
オシレート数	C	150	100	
押付け圧	D	20	25	
加工時間	E	17	12	s
粒度	F	20	30	μm

注) 検討すべき交互作用：$B \times C, B \times D, B \times E, B \times F, C \times E$

手順2 2水準直交表を選択する．

(因子数) + (解析したい交互作用数) + 1 = 6 + 5 + 1 = 12 であるから，15列もつ $L_{16}(2^{15})$ を用いる．

手順3 因子を割り付ける．

線点図で割り付ける．必要な線点図は，図5.14であるので，用意された線点図(図5.15)へ当てはめればよい．例えば，図5.16のように当てはめると，因子は

$A \rightarrow$ 第2列，$B \rightarrow$ 第1列，$C \rightarrow$ 第15列，$D \rightarrow$ 第12列，$E \rightarrow$ 第8列，
$F \rightarrow$ 第10列，

へ割り付け，交互作用列は

第5章 多くの因子の影響を見るための実験(2水準直交表実験)

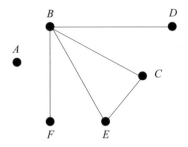

図 5.14 必要な線点図

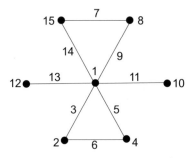

図 5.15 用意された線点図

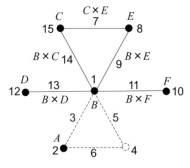

図 5.16 重ね合わせた線点図

5.11 その他の例

$B \times C \to$ 第 14 列, $B \times D \to$ 第 13 列, $B \times E \to$ 第 9 列,
$B \times F \to$ 第 11 列, $C \times E \to$ 第 7 列

となる.

手順 4 実験の順序をランダムに決め, 実験を行う (表 5.12, 表 5.13).

表 5.12 $L_{16}(2^{15})$ への割付けと交互作用列, 誤差の列

因子	B	A	誤差	誤差	誤差	誤差	$C \times E$	E	$B \times E$	F	$B \times F$	D	$B \times D$	$B \times C$	C
列	1	2	3	4	5	6	7	8	9	10	11	12	13	14	15

表 5.13 表 5.12 での割付けで実験を行った結果

実験 No.	1	2	3	4	5	6	7	8	9	10	11	12	13	14	15	16
表面粗さ(μm)	40	52	45	51	53	49	61	46	43	54	52	45	51	58	55	48

表 5.14 各因子における第 1 水準と第 2 水準の平均値 (μm)

因子	A	B	C	D	E	F
第 1 水準	47.750	49.625	50.750	47.125	50.000	47.625
第 2 水準	52.625	50.750	49.625	53.250	50.375	52.750

表 5.15 組合せにおける平均値 (μm)

		C					D					E	
		1	2				1	2				1	2
B	1	50.25	49.00	B	1	47.50	51.75		B	1	49.75	49.50
	2	51.25	50.25		2	46.75	54.75			2	50.25	51.25

		F					E	
		1	2				1	2
B	1	45.00	54.25	C	1	49.75	49.50
	2	50.25	51.25		2	50.25	51.25

手順 5 データをグラフ化し，考察する（表 5.14，表 5.15）．
- 主効果グラフ（図 5.17）から主効果 A, D, F が大きそうである．
- 交互作用グラフ（図 5.18）から交互作用 $B \times D$, $B \times F$ が大きそうである．

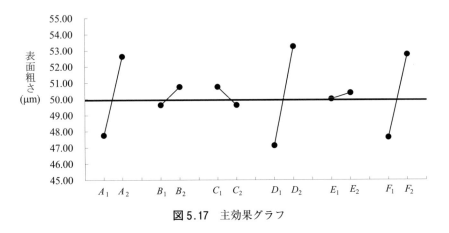

図 5.17 主効果グラフ

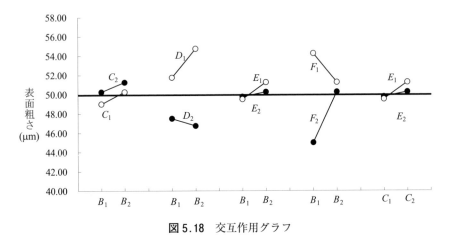

図 5.18 交互作用グラフ

5.11 その他の例

手順6 平方和の計算

主効果, 交互作用, 誤差の平方和のいずれも各列において,

$$\frac{\{(「1」に対応するデータの合計) - (「2」に対応するデータの合計)\}^2}{16}$$

から求めることができるので, 各列において, 「「1」に対応するデータの合計」（第1水準の合計）と「「2」に対応するデータの合計」（第2水準の合計）の表（**表5.16**）を作成しておく. 上式より平方和を求め, **表5.16**の第5行目に書き入れた. 例えば, 主効果 A の平方和 S_A は $(382 - 421)^2/16 = 95.0625$ と求まる. 交互作用 $C \times E$ は第7列より, $(405 - 398)^2/16 = 3.0625$ と求まる.

誤差平方和は何も割り付けられていない列（**表5.16**では「誤差」と表記した）に対する平方和の合計で求めることができるので, $S_e = 0.5625 + 0.5625 + 14.0625 + 1.5625 = 16.75$ である.

全平方和 S_T は**表5.16**の平方和の合計, もしくは, データの全平均との差の2乗和で求められる. すなわち, $S_T = 464.4375$ である.

表5.16 各列における第1水準の合計と第2水準の合計, 平方和

割付け	B	A	誤差	誤差	誤差	誤差	$C \times E$	E	$B \times E$	F	$B \times F$	D	$B \times D$	$B \times C$	C
列	1	2	3	4	5	6	7	8	9	10	11	12	13	14	15
第1水準の合計	397	382	400	400	394	399	405	400	404	381	385	377	409	402	406
第2水準の合計	406	421	403	403	409	404	398	403	399	422	418	426	394	401	397
平方和	5.0625	95.0625	0.5625	0.5625	14.0625	1.5625	3.0625	0.5625	1.5625	105.0625	68.0625	150.0625	14.0625	0.0625	5.0625

手順7 自由度を求める.

- すべて2水準なので, 主効果の平方和の自由度は1である.
- 交互作用の平方和の自由度は, 含まれている主効果の自由度の積なので, すべて1である.
- 誤差平方和の自由度は4.
- 総平方和の自由度は, つねに（データ数）− 1なので15.

手順 8 平均平方を求める.

平均平方は,どの要因に対しても,平方和／自由度.

手順 9 各要因の分散比を求めて,以上を分散分析表(表 5.17)にまとめる.

表 5.17 分散分析表

要因	平方和	自由度	平均平方	F_0
シューの種類 A	95.0625	1	95.0625	22.701**
回転数 B	5.0625	1	5.0625	1.209
オシレート数 C	5.0625	1	5.0625	1.209
押付け圧 D	150.0625	1	150.0625	35.836**
加工時間 E	0.5625	1	0.5625	0.134
粒度 F	105.0625	1	105.0625	25.090**
$B \times C$	0.0625	1	0.0625	0.015
$B \times D$	14.0625	1	14.0625	3.358
$B \times E$	1.5625	1	1.5625	0.373
$B \times F$	68.0625	1	68.0625	16.254**
$C \times E$	3.0625	1	3.0625	0.731
誤差	16.7500	4	4.1875	
合計	464.4375	15		

手順 10 各要因の効果を検定する.

すべての要因において,分散比 F_0 の分子の自由度が 1,分母の自由度が 4 である.したがって,どの要因についても,$F_0 \geq F(1, 4 ; 0.05) = 7.71$ のとき,その要因に効果があるといえる.また,$F_0 \geq F(1, 4 ; 0.01) = 21.2$ のとき,高度に有意である.

主効果 A,D,F は高度に有意で,交互作用 $B \times F$ は有意である.

5.11 その他の例

〈プーリング〉

5.9節で述べたプーリングの規準に従って，プーリングする．

まず $F_0 \leq 2.0$ の交互作用をプーリングする．$B \times C$, $B \times E$, $C \times E$ がプーリング対象である．$B \times F$ が有意であり，$B \times D$ もプーリングしないので，主効果 B, D, F もプーリングしない．これら以外の主効果 A, C, E は，主効果 A が高度に有意であり，主効果 C および E は $F_0 \leq 2.0$ を満たすので，以上より，$B \times C$, $B \times D$, $B \times E$, C, E を誤差へプーリングする．

プーリング後の誤差平方和 S_e' は，

$$S_e' = S_e + S_{B \times C} + S_{B \times D} + S_{B \times E} + S_C + S_E$$
$$= 14.2500 + 0.0625 + 1.5625 + 0.0625 + 5.0625 + 0.5625$$
$$= 15.9375$$

となる．また，プーリング後の誤差平方和 S_e' の自由度 ϕ_e' は，足した平方和の自由度分だけ増えるから，

$$\phi_e' = \phi_e + 5 = 4 + 5 = 9$$

である．

以上より，プーリング後の分散分析表は**表5.18**となる．すべての要因において，分散比 F_0 の分子の自由度が1，分母の自由度が9である．したがって，どの要因についても，$F_0 \geq F(1, 9 ; 0.05) = 5.12$ のとき，その要因に効果があるといえる．また，$F_0 \geq F(1, 9 ; 0.01) = 10.6$ のとき，高度に有意である．

主効果は A(シューの種類)，D(押付け圧)，F(粒度)が高度に有意であり，交互作用においては，$B \times F$(回転数×粒度)が高度に有意になった．

手順11 最適水準を選択する．

表面あらさは小さいほうがよいので，小さくなる水準組合せを探索する．

主効果単独で有意な要因はシューの種類 A と押付け圧 D である．**図5.17**から平均値の小さいほうを選べばよいので，シューの種類 A は第1水準(UR)，押付け圧 D も第1水準(20)がよい．

表5.18 分散分析表

要因	平方和	自由度	平均平方	F_0
シューの種類 A	95.0625	1	95.0625	31.614**
回転数 B	5.0625	1	5.0625	1.684
押付け圧 D	150.0625	1	150.0625	49.905**
粒度 F	105.0625	1	105.0625	34.940**
$B \times D$	14.0625	1	14.0625	4.677
$B \times F$	68.0625	1	68.0625	22.635**
誤差	27.0625	9	3.0069	
合計	464.4375	15		

高度に有意な交互作用は $B \times F$(回転数×粒度)である．ゆえに，因子 B と因子 F の最適水準は組合せで選ぶ必要がある．図5.18の交互作用グラフより，B_1F_2 の組合せが最小であるので，回転数 B は第1水準(130 rpm)，粒度 F は第2水準(30 μm)が最適水準である．

総合すると，全体の最適水準は

　シューの種類 A：第1水準(UR)

　回転数 B：第1水準(130 rpm)

　押付け圧 D：第1水準(20)

　粒度 F：第2水準(30 μm)

である．オシレート数 C と加工時間 E はどちらもプーリングできるほど F_0 が小さい，すなわち，表面粗さへの影響力が小さいということであるので，固有技術，作業性，経済性などを考慮して決めればよい．

表面粗さには上限規格値が与えられている．規格値は，個々の製品に対して適合(良)・不適合(不良)の判定に用いられることに注意する．すなわち，点推定(平均値)がこの規格値をぎりぎりで下回る程度では，操業時には多くの不適合品を出す可能性が大きい．したがって，最適水準はこの規格値を十分に下回

るものであり，操業時の加工条件を決定する際には，十分な確認実験を行う必要がある．

第6章
多くの因子の影響を見たいが詳しくも見たい実験
(3水準直交表実験)

6.1 はじめに

　前章の2水準直交表実験では，多くの因子（主効果）や交互作用を取り上げ，効果のある要因を選別できた．さらに，最適水準の選択により，今後の実験の方向性もわかった．次の段階では，さらに詳しい情報を得て，最適化を行いたい．

　2水準の実験では，第1水準と第2水準のどちらがよいか，ということしかわからない．例えば，紙ヘリコプターの羽の長さについて，第1水準に7cm，第2水準に3cmをとった場合，最適な羽の長さは7cmか3cmかの二者択一である．羽の長さと滞空時間の関係が，3cmと7cmの範囲で2次関数のようになっており，もっとよい羽の長さが3cmと7cmの範囲内にあるとしても，2水準ではそのことがわからないのである．そのようなことを知るためには，水準数を3水準以上にとる必要がある．したがって，因子と特性との関係を詳しく知りたいときには，3水準で実験を行う．しかし，さらに詳しい情報を得たいといっても，実験回数もできるだけ抑えたいという場面もあるだろう．そこで，2水準直交表実験のときと同じ論理で，3因子交互作用や4因子交互作用などを無視できるとき，実験回数を抑えることができる実験方法が，3水準直交表実験である．つまり，直交表には2水準の他に3水準バージョンもあり，3水準直交表に従えば，主効果と2因子交互作用の一部だけが解析できるかわりに，実験回数をできるだけ抑えることができる．

6.2 実験に取り上げる因子と水準，解析したい交互作用

紙ヘリコプターにおいては，表 6.1 のように因子と水準を取り上げて，実験を行う．今回は，紙ヘリコプターに関する因子だけでなく，作成者も因子に取り上げてみた．3 人で作成するということである．作成者は紙ヘリコプターの因子と性質が違い，有意となった場合，紙ヘリコプターの性能は作成者にも依存するということだから問題である．その場合には，つくり方，治工具など標準化しなければならない．

表 6.1 実験に取り上げる因子と水準

因子	第 1 水準	第 2 水準	第 3 水準
因子 A：羽の長さ	4.0 cm	5.0 cm	6.0 cm
因子 B：紙の重さ	40 g/m²	50 g/m²	55 g/m²
因子 C：切込み量	0.5 cm	1.0 cm	1.5 cm
因子 D：胴の長さ	4.5 cm	5.5 cm	6.5 cm
因子 E：作成者	P 君	Q 君	R 君

注）解析したい交互作用：$A \times B, A \times C, A \times D$

実験は，2 水準直交表実験と同じく，3 水準直交表の列に因子を割り付け，その直交表が示す水準の組合せに従って実験を行う．3 水準直交表は，$L_9(3^4)$，$L_{27}(3^{13})$ などがあるが，$L_{27}(3^{13})$ がよく用いられる．$L_9(3^4)$ は 9 行 4 列の 3 水準の直交表であり，$L_{27}(3^{13})$ は 27 行 13 列の 3 水準の直交表である．3 水準の直交表は 3 の倍数の行をもち，(行数 − 1)/2 個の列をもつ．

因子は列に割り付けるので，今回の実験では 5 列は必要である．さらに，交互作用を 2 水準直交表のときと同じく，交互作用列を計算して求めるので，その分の列も必要である．3 水準の場合，交互作用の平方和を計算するためには，3 水準直交表の 2 列分が必要になる．ここのところが 2 水準直交表とは大きく異なるので，注意が必要である．ゆえに，今回の実験では，因子分で 5 列，解析したい交互作用が 3 つあるので，交互作用分で 2 × 3 = 6 列，合計で 11 列

必要である．したがって，$L_{27}(3^{13})$の直交表を用いて，27回の実験をランダムな順序で行うとよい．

6.3　因子の割付け

2水準直交表実験と同様に，交絡しないように因子を割り付ける．そのために，解析したい交互作用の交互作用列を知る必要がある．交互作用列を知る方法(因子の割り付け方法)には以下の3通りある．

① 交互作用列の表(図6.1)を見ながら試行錯誤する

図6.1は$L_{27}(3^{13})$の交互作用列の表である．例えば，因子Aを第1列に，因子Bを第2列に割り付けたとする．交互作用$A \times B$の交互作用列は，交互作用列の表の最も左の列の[1]と，最も上の行の[2]がクロスしたところに書かれている数字である．そこには，「3, 4」と書かれているので，交互作用$A \times B$の交互作用列は第3列目と第4列目である．

② 成分記号による交互作用列を導出する

直交表の成分欄に書かれているアルファベット(成分記号)から交互作用列を求める(図6.2)．例えば，因子Aを第1列に，因子Bを第2列に割り付けたとして，交互作用$A \times B$の交互作用列を求める．第1列の成分記号は「a」，第2列の成分記号は「b」である．交互作用$A \times B$の交互作用列は，基本的にそれらの掛け算で求められるが，2通りの掛け算を行う必要がある．それは，
$$a \times b = ab \quad および \quad a \times b^2 = ab^2$$
である．2つの成分記号を単純に掛け算するものと，どちらかを2乗してから掛け算するものとの2通りである．成分記号abをもつ列は第3列，成分記号ab^2をもつ列は第4列である．よって，交互作用$A \times B$の交互作用列は第3列と第4列である．ここでは成分記号bを2乗したが，成分記号aを2乗したら，どのようになるだろうか．計算結果は$a^2 \times b = a^2b$であるが，成分記号a^2bに対応する列はない．そのような場合には，成分記号を2乗する．つまり，

第6章 多くの因子の影響を見たいが詳しくも見たい実験(3水準直交表実験)

列＼列	[1]	[2]	[3]	[4]	[5]	[6]	[7]	[8]	[9]	[10]	[11]	[12]	[13]
[1]		3 4	2 4	2 3	6 7	5 7	5 6	9 10	8 10	8 9	12 13	11 13	11 12
[2]			1 4	1 3	8 11	9 12	10 13	5 11	6 12	7 13	5 8	6 9	7 10
[3]				1 2	9 13	10 11	8 12	7 12	5 13	6 11	6 10	7 8	5 9
[4]					10 12	8 13	9 11	6 13	7 11	5 12	7 9	5 10	6 8
[5]						1 7	1 6	2 11	3 13	4 12	2 8	4 10	3 9
[6]							1 5	4 13	2 12	3 11	3 10	2 9	4 8
[7]								3 12	4 11	2 13	4 9	3 8	2 10
[8]									1 10	1 9	2 5	3 7	4 6
[9]										1 8	4 7	2 6	3 5
[10]											3 6	4 5	2 7
[11]												1 13	1 12
[12]													1 11

図 6.1 $L_{27}(3^{13})$ の交互作用列の表

$(a^2b)^2 = a^4b^2$ である.ここで, $a^3 = 1$ とするので, $(a^2b)^2 = a^4b^2 = ab^2$ となり,この成分記号は第4列に該当する.

交互作用 $A \times B$ の交互作用列の計算方法をまとめると,

① (因子 A の成分記号) × (因子 B の成分記号)

② (因子 A の成分記号) × (因子 B の成分記号)^2

6.3 因子の割付け

列＼列	[1]	[2]	[3]	[4]	[5]	[6]	[7]	[8]	[9]	[10]	[11]	[12]	[13]
1	1	1	1	1	1	1	1	1	1	1	1	1	1
2	1	1	1	1	2	2	2	2	2	2	2	2	2
3	1	1	1	1	3	3	3	3	3	3	3	3	3
4	1	2	2	2	1	1	1	2	2	2	3	3	3
5	1	2	2	2	2	2	2	3	3	3	1	1	1
6	1	2	2	2	3	3	3	1	1	1	2	2	2
7	1	3	3	3	1	1	1	3	3	3	2	2	2
8	1	3	3	3	2	2	2	1	1	1	3	3	3
9	1	3	3	3	3	3	3	2	2	2	1	1	1
10	2	1	2	3	1	2	3	1	2	3	1	2	3
11	2	1	2	3	2	3	1	2	3	1	2	3	1
12	2	1	2	3	3	1	2	3	1	2	3	1	2
13	2	2	3	1	1	2	3	2	3	1	3	1	2
14	2	2	3	1	2	3	1	3	1	2	1	2	3
15	2	2	3	1	3	1	2	1	2	3	2	3	1
16	2	3	1	2	1	2	3	3	1	2	2	3	1
17	2	3	1	2	2	3	1	1	2	3	3	1	2
18	2	3	1	2	3	1	2	2	3	1	1	2	3
19	3	1	3	2	1	3	2	1	3	2	1	3	2
20	3	1	3	2	2	1	3	2	1	3	2	1	3
21	3	1	3	2	3	2	1	3	2	1	3	2	1
22	3	2	1	3	1	3	2	2	1	3	3	2	1
23	3	2	1	3	2	1	3	3	2	1	1	3	2
24	3	2	1	3	3	2	1	1	3	2	2	1	3
25	3	3	2	1	1	3	2	3	2	1	2	1	3
26	3	3	2	1	2	1	3	1	3	2	3	2	1
27	3	3	2	1	3	2	1	2	1	3	1	3	2
成分	a	b	a b	a b^2	c	a c	a c^2	b c	b c	b c^2	a b^2 c	a b^2 c	a b c^2
	1 群	2 群			3 群								

図 6.2 $L_{27}(3^{13})$

(ルール1)　計算結果が成分記号にない場合は，2乗する．

(ルール2)　$a^3 = b^3 = c^3 = 1$

である．

もう一つ，計算例を挙げておこう．第10列に因子Aを，第12列に因子Bを割り付けたときの交互作用$A \times B$の交互作用列を求めてみる．第10列の成分記号はab^2c^2であり，第12列の成分記号はab^2cである．2通りのうち初めの掛け算をすると，

$$ab^2c^2 \times ab^2c = a^2b^4c^3 = a^2b \quad (b^3 = 1, \ c^3 = 1 \text{を用いた})$$
$$= (a^2b)^2 = a^4b^2 = ab^2 \quad (a^3 = 1 \text{を用いた})$$

である．これは第4列の成分記号である．次の掛け算は，

$$ab^2c^2 \times (ab^2c)^2 = a^3b^6c^4 = c \quad (b^3 = 1, \ c^3 = 1 \text{を用いた})$$

である．これは第5列の成分記号である．よって，交互作用$A \times B$の交互作用列は，第4列および第5列である．

③　線点図を利用する

解析したい交互作用は$A \times B$, $A \times C$, $A \times D$だから，必要な線点図は図6.3のようになる．用意された線点図は図6.4である．必要な線点図と用意された線点図を比較すると，用意された線点図は図6.4の右側の線点図を用いればよい．因子Aを第1列，因子Bを第2列に，因子Cを第5列に，因子Dを第8列に対応させることができ，その割付けにおいて交互作用列は，$A \times B$は第3列および第4列，$A \times C$は第6列および第7列，$A \times D$は第9列および第10列であることがわかる．因子Eは空いているところに割り付ければよ

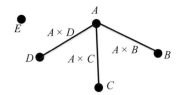

図6.3　必要な線点図

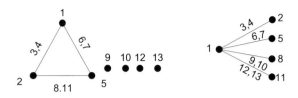

図 6.4 用意された線点図

く，ここでは第 13 列に割り付ける．

6.4 実験データの解析

線点図を用いた割り付けで実験を行った．割付け，交互作用列，実験結果を **図 6.5** に示す．

① 主効果の平方和の計算

2 水準直交表の場合と同じような簡単な計算式はない．しかし，ある主効果の平方和を求めるときに，他の主効果や交互作用のことは忘れてよい．これは，ある主効果の平方和を求めるときは，その主効果を因子とする 3 水準繰返しありの 1 元配置だと思って計算すればよい，という意味である．例えば，主効果 A の平方和を求めてみよう．因子 A は第 1 列に割り付けたのだから，第 1 列だけ見ればよい．第 1 水準での実験は No.1〜No.9，第 2 水準での実験は No.10〜No.18，第 3 水準での実験は No.19〜No.27 である．因子 A について，3 水準，繰返し 9 回の一元配置だと思って S_A を求めればよい．実験データを因子 A の 1 元配置のように表してみると，**表 6.2** のようになる．主効果 A の平方和は，(効果の 2 乗の和)×(繰返し数)だから，

$$S_A = [(-0.03963)^2 + (-0.26963)^2 + (0.309256)^2] \times 9 = 1.529$$

となる．

なぜこのように，単純に 1 元配置に書き直して平方和を求めることができるかということだが，それは因子 A の各水準 A_1, A_2, A_3 において平均値(合計)をとると，平均値のなかには，B_1, B_2, B_3, C_1, C_2, C_3, D_1, D_2, D_3 のいず

154　第6章　多くの因子の影響を見たいが詳しくも見たい実験(3水準直交表実験)

要因	A	B	$A \times B$	$A \times B$	C	$A \times C$	$A \times C$	D	$A \times D$	$A \times D$		E		データ
列番	[1]	[2]	[3]	[4]	[5]	[6]	[7]	[8]	[9]	[10]	[11]	[12]	[13]	
1	1	1	1	1	1	1	1	1	1	1	1	1	1	2.80
2	1	1	1	1	2	2	2	2	2	2	2	2	2	2.73
3	1	1	1	1	3	3	3	3	3	3	3	3	3	3.61
4	1	2	2	2	1	1	1	2	2	2	3	3	3	2.04
5	1	2	2	2	2	2	2	3	3	3	1	1	1	3.75
6	1	2	2	2	3	3	3	1	1	1	2	2	2	3.31
7	1	3	3	3	1	1	1	3	3	3	2	2	2	2.69
8	1	3	3	3	2	2	2	1	1	1	3	3	3	3.19
9	1	3	3	3	3	3	3	2	2	2	1	1	1	3.84
10	2	1	2	3	1	2	3	1	2	3	1	2	3	2.87
11	2	1	2	3	2	3	1	2	3	1	2	3	1	2.48
12	2	1	2	3	3	1	2	3	1	2	3	1	2	3.25
13	2	2	3	1	1	2	3	2	3	1	3	1	2	2.32
14	2	2	3	1	2	3	1	3	1	2	1	2	3	2.75
15	2	2	3	1	3	1	2	1	2	3	2	3	1	2.84
16	2	3	1	2	1	2	3	3	1	2	2	3	1	3.70
17	2	3	1	2	2	3	1	1	2	3	3	1	2	3.47
18	2	3	1	2	3	1	2	2	3	1	1	2	3	2.21
19	3	1	3	2	1	3	2	1	3	2	1	3	2	3.17
20	3	1	3	2	2	1	3	2	1	3	2	1	3	3.98
21	3	1	3	2	3	2	1	3	2	1	3	2	1	3.85
22	3	2	1	3	1	3	2	2	1	3	3	2	1	3.44
23	3	2	1	3	2	1	3	3	2	1	1	3	2	3.77
24	3	2	1	3	3	2	1	1	3	2	2	1	3	3.07
25	3	3	2	1	1	3	2	3	2	1	2	1	3	2.59
26	3	3	2	1	2	1	3	1	3	2	3	2	1	3.57
27	3	3	2	1	3	2	1	2	1	3	1	3	2	3.66
成分記号	a	b	$a\,b$	$a\,b^2$	c	$a\,c$	$a\,c^2$	$b\,c$	$a\,b\,c$	$a\,b^2\,c^2$	$b\,c^2$	$a\,b^2\,c$	$a\,b\,c^2$	

図6.5　$L_{27}(3^{13})$への割付け，交互作用列，データ

表6.2 $L_{27}(3^{13})$から因子Aの1元配置への書き直し

水準	データ	平均値	全平均	効果
A_1	2.80, 2.73, 3.61, 2.04, 3.75, 3.31, 2.69, 3.19, 3.84	3.107		-0.03963
A_2	2.87, 2.48, 3.25, 2.32, 2.75, 2.84, 3.70, 3.47, 2.21	2.877	3.146	-0.26963
A_3	3.17, 3.98, 3.85, 3.44, 3.77, 3.07, 2.59, 3.57, 3.66	3.456		0.30926

注) 効果 = 各水準の平均値 − 全平均

れの因子および水準での実験が,等しく同数回入っているからである.これは主効果Bについても主効果C,Dについてもいえる.したがって,主効果の平方和を求めるときは,表6.2のように書き直して計算すればよいのである.

以上より,主効果Aと同様にして,他の主効果の平方和も計算すればよい.そのための表を表6.3に作成し,平方和は

$$S_B = [(0.0470)^2 + (-0.1141)^2 + (0.0670)^2] \times 9 = 0.1775$$
$$S_C = [(-0.2996)^2 + (0.1526)^2 + (0.1470)^2] \times 9 = 1.2121$$
$$S_D = [(-0.0030)^2 + (-0.1796)^2 + (0.1826)^2] \times 9 = 0.5905$$
$$S_E = [(0.2170)^2 + (0.0059)^2 + (-0.2230)^2] \times 9 = 0.8717$$

となる.

② 2因子交互作用の平方和の計算

2因子交互作用は,2因子が絡む効果であるから,それらの2つの因子以外の因子は無視し,2元配置だと思って,2因子交互作用の平方和を求めればよい.例えば,2因子交互作用$A \times B$の平方和を求めるときは,因子Aと因子Bの2元配置を考えればよいのである.$L_{27}(3^{13})$の第1列に因子A,第2列に因子Bを割り付けているから,第1列と第2列だけを見て,A_1B_1,A_1B_2,

156　第6章　多くの因子の影響を見たいが詳しくも見たい実験(3水準直交表実験)

表6.3　各因子における各水準の平均値と効果

因子(主効果)		A	B	C	D	E
各水準の平均値	第1水準	3.107	3.193	2.847	3.143	3.363
	第2水準	2.877	3.032	3.299	2.967	3.152
	第3水準	3.456	3.213	3.293	3.329	2.923
全平均		3.146				
効果	第1水準	-0.0396	0.0470	-0.2996	-0.0030	0.2170
	第2水準	-0.2696	-0.1141	0.1526	-0.1796	0.0059
	第3水準	0.3093	0.0670	0.1470	0.1826	-0.2230

注)　効果＝各水準の平均値－全平均

A_1B_3, A_2B_1, A_2B_2, A_2B_3, A_3B_1, A_3B_2, A_3B_3に対応するデータを拾って，表6.4を作成すればよい．A_1B_1に対応するデータはNo.1, No.2, No.3である．第1列と第2列の表中の数字が(1, 1)の組合せである．同様に，A_1B_2に対応するデータは，No.4, No.5, No.6である．同じ要領でA_3B_3まで拾えばよい．

水準の組合せにおける2因子交互作用の効果は，

　　　(水準の組合せの平均値)－[(行の平均値)＋(列の平均値)－(全平均)]

表6.4　2因子交互作用$A \times B$の平方和を求めるための因子AとBの2元配置

	B_1	B_2	B_3
A_1	2.80 2.73 3.61	2.04 3.75 3.31	2.69 3.19 3.84
A_2	2.87 2.48 3.25	2.32 2.75 2.84	3.70 3.47 2.21
A_3	3.17 3.98 3.85	3.44 3.77 3.07	2.59 3.57 3.66

6.4 実験データの解析

で計算できた．水準の組合せの平均値，行の平均値，列の平均値を表 6.5 にまとめておく．そして，A_1B_1 から A_3B_3 までの 2 因子交互作用の効果を計算し，表 6.6 にまとめた．2 因子交互作用の平方和は表 6.6 の数値を 2 乗し，繰返し回数の 3 をかけて，足し合わせればよい．すなわち，

$$S_{A \times B} = [(-0.1070)^2 + \cdots + (-0.2493)^2] \times 3 = 0.4992$$

である．

表 6.5　$A \times B$ における組合せの平均値

	B_1	B_2	B_3	行の平均値
A_1	3.047	3.033	3.240	3.107
A_2	2.867	2.637	3.127	2.877
A_3	3.667	3.427	3.273	3.456
列の平均値	3.193	3.032	3.213	3.146

表 6.6　$A \times B$ の 2 因子交互作用効果

	B_1	B_2	B_3
A_1	−0.1070	0.0407	0.0663
A_2	−0.0570	−0.1259	0.1830
A_3	0.1641	0.0852	−0.2493

ところで，交互作用 $A \times B$ の交互作用列である第 4 列と第 5 列の情報は用いていない．ということは，第 3 列や第 4 列に他の因子を割り付けてもよいような感じがする．例えば，因子 F を第 3 列に割り付けてみよう．そうすると，因子 F における第 1 水準，第 2 水準，第 3 水準の平均値のなかには，

第 1 水準：$A_1B_1 \times 3$，$A_2B_3 \times 3$，$A_3B_2 \times 3$
第 2 水準：$A_1B_2 \times 3$，$A_2B_1 \times 3$，$A_3B_3 \times 3$
第 3 水準：$A_1B_3 \times 3$，$A_2B_2 \times 3$，$A_3B_1 \times 3$

のように $A \times B$ の交互作用の成分が入っている．これでは因子 F について水準間の比較を行っても，因子 F の分析をしているのか，交互作用 $A \times B$ の分

析をしているのわからない．第4列に割り付けても，因子 F の各水準の平均値のなかには，

第1水準：$A_1B_1 \times 3$，$A_2B_2 \times 3$，$A_3B_3 \times 3$
第2水準：$A_1B_2 \times 3$，$A_2B_3 \times 3$，$A_3B_1 \times 3$
第3水準：$A_1B_3 \times 3$，$A_2B_1 \times 3$，$A_3B_2 \times 3$

のように $A \times B$ の交互作用の成分が入っている．第4列に割り付けた状況と，まったく同じである．第5列に割り付けられている因子 C について考察してみよう．因子 C の各水準の平均値のなかには，

第1水準：A_1B_1, A_1B_2, A_1B_3, A_2B_1, A_2B_2, A_2B_3, A_3B_1, A_3B_2, A_3B_3
第2水準：A_1B_1, A_1B_2, A_1B_3, A_2B_1, A_2B_2, A_2B_3, A_3B_1, A_3B_2, A_3B_3
第3水準：A_1B_1, A_1B_2, A_1B_3, A_2B_1, A_2B_2, A_2B_3, A_3B_1, A_3B_2, A_3B_3

のように $A \times B$ の交互作用の成分が入っている．各水準に交互作用 $A \times B$ の成分が等しく入っている．第3列および第4列以外の列においては，各水準に交互作用 $A \times B$ の成分が等しく入る．したがって，交互作用 $A \times B$ の平方和の計算に，第3列と第4列を直接には用いていないが，第1列と第2列の組合せを考えた時点で自動的に第3列と第4列の情報が組み込まれることになる．間接的に第3列と第4列の情報を用いているのである．以上より，交互作用列は交互作用列としてとっておく必要がある(何も割り付けてはならない)．

他の交互作用 $A \times C$, $A \times D$ についても，2元配置と同じ考え方で平方和を求めてみよう．**表 6.7** は $L_{27}(3^{13})$ から因子 A と因子 C の2元配置にまとめたデータ表である．この表から $A \times C$ の2因子交互作用効果を求めると**表 6.8** のようになる．**表 6.8** の数値をそれぞれ2乗し，それらを足し合わせて繰返し数を掛ければ $A \times C$ の平方和が求まる．すなわち，

$$S_{A \times C} = [(-0.2970)^2 + \cdots + (-0.0759)^2] \times 3 = 1.4202$$

である．同様にして，$A \times D$ の平方和は，

$$S_{A \times D} = [(-0.0037)^2 + \cdots + (-0.2348)^2] \times 3 = 1.3936$$

である(**表 6.9**，**表 6.10**)．

表6.7 $A \times C$における組合せの平均値

	C_1	C_2	C_3	行の平均値
A_1	2.510	3.223	3.587	3.107
A_2	2.963	2.900	2.767	2.877
A_3	3.067	3.773	3.527	3.456
列の平均値	2.847	3.299	3.293	3.146

表6.8 $A \times C$の2因子交互作用効果

	C_1	C_2	C_3
A_1	-0.2970	-0.0359	0.3330
A_2	0.3863	-0.1293	-0.2570
A_3	-0.0893	0.1652	-0.0759

表6.9 $A \times D$における組合せの平均値

	D_1	D_2	D_3	行の平均値
A_1	3.100	2.870	3.350	3.107
A_2	3.060	2.337	3.233	2.877
A_3	3.270	3.693	3.403	3.456
列の平均値	3.143	2.967	3.329	3.146

表6.10 $A \times D$の2因子交互作用効果

	C_1	C_2	C_3
A_1	-0.0037	-0.0570	0.0607
A_2	0.1863	-0.3604	0.1741
A_3	-0.1826	0.4174	-0.2348

③ 誤差平方和の計算

誤差平方和は，総平方和から，すべての主効果および交互作用の平方和の和

を引けばよい．すなわち，総平方和を S_T，誤差平方和を S_e とすると，

$$S_e = S_T - (S_A + S_B + S_C + S_D + S_E + S_{A \times B} + S_{A \times C} + S_{A \times D}) = 0.2981$$

である．

④ 自由度，平均平方，F_0 の計算

主効果の自由度は，（水準数）-1 である．すべての因子を3水準で実験したので，どの主効果についても自由度は2である．

2因子交互作用の自由度は，2因子交互作用に含まれる2つの主効果（因子）の自由度の掛け算で求まる．どの主効果についても自由度は2だから，どの交互作用も自由度は，$2 \times 2 = 4$ である．

誤差自由度は，誤差平方和を求めるときと同じように，総平方和の自由度から，主効果および交互作用の自由度の合計を引けばよい．総平方和の自由度は（データ数）-1 であるから，誤差自由度は

$$26 - (2 + 2 + 2 + 2 + 2 + 4 + 4 + 4) = 26 - 22 = 4$$

である．

平均平方は，主効果，交互作用，誤差，要因がどの種類であるかにかかわらず，（平方和）÷（自由度）である．

F_0 は，（要因の平均平方）÷（誤差の平均平方）である．

⑤ 分散分析表へのまとめと，効果があるかどうかを検定

以上を分散分析表（表6.11）にまとめ，効果があるかどうかを検定する．その結果，主効果 A および C が有意水準0.05で有意であった．誤差自由度が4であり，小さいと思われるのでプーリングを行う．

⑥ プーリング

第5章で紹介したプーリングの規準に従って，プーリングを行う．

交互作用において，$F_0 \leqq 2$ のものは $A \times B$ である．したがって，$A \times B$ の平方和を誤差平方和へ足し込む．$A \times C$，$A \times D$ をプーリングしないのだか

6.4 実験データの解析

表6.11 分散分析表

要因	平方和	自由度	平均平方	F_0
A	1.5292	2	0.7646	10.258*
B	0.1775	2	0.0887	1.191
C	1.2121	2	0.6061	8.136*
D	0.5905	2	0.2953	3.964
E	0.8717	2	0.4359	5.851
$A \times B$	0.4992	4	0.1248	1.675
$A \times C$	1.4202	4	0.3551	4.766
$A \times D$	1.3936	4	0.3484	4.677
誤差	0.2981	4	0.0745	
合計	7.9922	26		

$F(2, 4 ; 0.05) = 6.94$, $F(2, 4 ; 0.01) = 18.0$
$F(4, 4 ; 0.05) = 6.39$, $F(2, 4 ; 0.01) = 16.0$

ら，主効果 A, C, D はプーリングしない．よって，プーリング対象となる主効果は B と E である．主効果 B は $F_0 \leq 2$ で，主効果 E は $F_0 > 2$ であるから，主効果 B の平方和を誤差平方和へ足し込む．以上より，プーリング後の誤差平方和は，

$$S_e' = S_e + S_{A \times B} + S_B = 0.2981 + 0.4992 + 0.1775 = 0.9748$$

である．また，自由度も同様に足し込んで，プーリング後の誤差平方和は $4 + 4 + 2 = 10$ となる．プーリング後の分散分析表は**表6.12**である．

プーリング後の検定では，主効果 A, C, E, 交互作用 $A \times C$, $A \times D$ が有意となった．また，主効果 A は高度に有意である．

⑦ 結果のまとめ

交互作用 $A \times C$, $A \times D$ が有意になっていることから，羽の長さ(因子 A)と切込み量(因子 C)，羽の長さ(因子 A)と胴の長さ(因子 D)の組合せで考察す

表6.12 分散分析表

要因	平方和	自由度	平均平方	F_0
A	1.5292	2	0.7646	7.842**
C	1.2121	2	0.6061	6.216*
D	0.5905	2	0.2953	3.029
E	0.8717	2	0.4359	4.471*
$A \times C$	1.4202	4	0.3551	3.642*
$A \times D$	1.3936	4	0.3484	3.573*
誤差	0.9748	10	0.0975	
合計	7.9922	26		

$F(2, 10 ; 0.05) = 4.10, \ F(2, 10 ; 0.01) = 7.56$
$F(4, 10 ; 0.05) = 3.48, \ F(2, 10 ; 0.01) = 5.99$

る必要がある．主効果 E は単独で有意となっていることから，作成者(因子 E)は他とは独立して考えればよい．

作成者(因子 E)は紙ヘリコプターの属性の設計という意味においては最適水準を選ぶ意味がないが，作成段階において，その何らかの要素が特性(滞空時間)に影響を与えている．したがって，作成を研究して，標準化しておく必要がある．

紙の重さ(因子 B)は，交互作用においても，主効果においても有意とならなかった．物理的に考えると，極めて単純だが，紙の重さが重くなると，速く落下するだろう．しかし，それが示せなかったのはなぜか．統計学的に考えると，$40 \ \mathrm{g/m^2}$ (第1水準)と$55 \ \mathrm{g/m^2}$ (第3水準)の違いでは滞空時間の真値にさほど差がなく，本実験の実験誤差の大きさからすると検出できないほどの差であった，と解釈できよう．基本的には，水準の差が大きければ大きいほど，真値の差も大きくなるといわれている．また，滞空時間の真値に，本当に差がない，差はあるだろうけど極めて微々たる差かもしれないという場合も考えられる．紙ヘリコプターが重くなると落下速度が速くなるが，紙ヘリコプターが回転し

始めるまでの時間も短くなる．回転すると落下速度が遅くなるので，全体として滞空時間が長くなる，ということも考えられる．

6.5　最適水準の選択

　主効果 E は単独で有意であったので，因子 E のみで最適水準を選択すればよい．すなわち，E の第 1 水準，第 2 水準，第 3 水準の平均値を比較して，大きいほうを最適水準にすればよい．表 6.3 より，第 1 水準が最適水準である．ここで注意しなければならないことがある．因子 E は作成者であった．第 1 水準が最適水準であるということは，P 君が最も上手に紙ヘリコプターを作成できるということである．したがって，すべて P 君に作成を任せればよい，となるだろうか．このような解釈は適切でない．滞空時間が作成者によって異なるということは，作成段階にも滞空時間に影響を与える物理的な要因が存在するということである．P 君，Q 君，R 君の作成の違いを研究し，その要因を明らかにする必要があるということである．ここでの最適水準の意味は，見習うべき人は誰かということであり，すべてを任せるという意味ではないことに注意しなければならない．

　因子 A，C，D の最適水準の選択は，交互作用 $A \times C$，$A \times D$ が有意であったので，因子 A および C，因子 A および D の組合せで選ばなければならない．つまり，因子 A および C の組合せでの平均値が最も高い水準組合せ，因子 A および C の組合せでの平均値が最も高い水準組合せが，因子 A，C，D の最適水準である．表 6.7 より因子 A および C の最適水準は，A が第 3 水準，C が第 2 水準の A_3C_2 の組合せである．表 6.9 より因子 A および D の最適水準は，A が第 3 水準，D が第 2 水準の A_3D_2 の組合せである．2 つを合わせると，因子 A，C，D の最適水準は，A が第 3 水準，C が第 2 水準，D が第 2 水準の $A_3C_2D_2$ の組合せである．

　以上より，最適水準は，

　　因子 A：羽の長さ→第 3 水準：6.0 cm

　　因子 C：切込み量→第 2 水準：1.0 cm

因子 D：胴の長さ→第2水準：5.5 cm

因子 E：作成者→第1水準：P君（これはP君を見習い，標準化する）

である．有意な効果に関与しなかった因子 B については，今回の実験範囲内では，どれでも大差はないということである．40 g/m² の紙（トレーシングペーパー）と 55 g/m² の紙とでは，固さにも違いがある．55 g/m² の紙のほうがしっかりしている．55 g/m² の紙のほうが誰でも作成しやすいかもしれないし，落下時の安定性も高いかもしれない．このように固有技術的な要素から，今後に用いる水準を決めてもよい．

6.6 3水準直交表実験の解析手順

手順1 特性，因子，水準，解析したい（2因子）交互作用を決める．

手順2 3水準直交表を選択する．

列数が{(因子数) + 2 × (解析したい交互作用数) + 1}より多い直交表を選択する．例えば，5因子で3つの交互作用を解析したい場合は，5 + 2 × 3 + 1 = 12列以上ある3水準直交表を選択すればよいので，$L_{27}(3^{13})$ を用いて実験する．

手順3 因子を割り付ける．

交互作用列を求める表や線点図，成分記号を用いて，交絡しないように因子を直交表へ割り付ける．

手順4 実験の順序をランダムに決め，実験を行う．

手順5 データをグラフ化し，考察する．

主効果グラフは，表6.3の各水準の平均値をグラフ化する（図6.6）．交互作用グラフは，表6.5，表6.7，表6.9をグラフ化する（図6.7）．

主効果においては，主効果 A が最も大きく，次いで主効果 B，主効果 C が

6.6 3水準直交表実験の解析手順

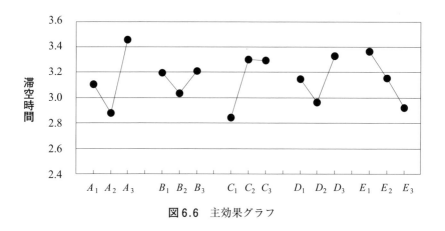

図6.6 主効果グラフ

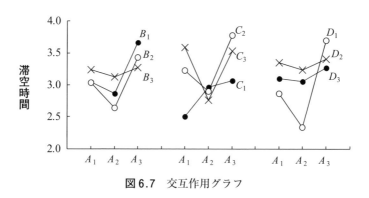

図6.7 交互作用グラフ

主効果 B より大きそうである.

交互作用においては，どの交互作用も平行関係からずれているので，交互作用効果がありそうである．特にずれの大きい $A \times C$ が大きそうである．

手順6 平方和を計算する．

① 主効果の平方和

表6.2のように直交表実験のデータ表を1元配置のデータ表へ書き直す．この表はすでに手順5のデータをグラフ化する際に作成されている．

166　第6章　多くの因子の影響を見たいが詳しくも見たい実験(3水準直交表実験)

表6.2のような1元配置だと考えて平方和を計算する．

② 2因子交互作用の平方和

　表6.4のように，直交表実験のデータ表を2元配置のデータ表へ書き直す．この表はすでに手順5のデータをグラフ化する際に作成されている．

　表6.4のような2元配置だと考えて，2因子交互作用の平方和を計算する．

③ 誤差平方和(S_e)

　　方法1：総平方和S_Tから，主効果および交互作用の平方和を引く．

　　方法2：何も割り付けられていない各列において，主効果の平方和と同様の計算を行い，それらを合計する．

④ 総平方和(S_T)

　データを実験No.の順に$y_1, \cdots, y_n$とすると，

$$S_T = \sum_{i=1}^{n}(y_i - \bar{y}.)^2$$

である．

手順7　自由度を求める．

- すべて3水準なので，主効果の平方和の自由度は2である．
- 交互作用の平方和の自由度は，含まれている主効果の自由度の積なので，すべて4である．
- 誤差平方和の自由度は，

　　方法1：(総平方和の自由度$n-1$)から主効果および交互作用の平方和の自由度を引く．

　　方法2：何も割り付けられていない列数×2．

- 総平方和の自由度は，つねに(データ数)-1なので，$n-1$．

6.6 3水準直交表実験の解析手順

手順8 平均平方を求める.

平均平方は,どの要因に対しても,(平方和)÷(自由度).

手順9 各要因の分散比を求めて,以上を分散分析表にまとめる(表6.13).

表6.13 分散分析表

要因	平方和	自由度	平均平方	F_0
因子 A	S_A	2	V_A	V_A/V_e
⋮	⋮	⋮	⋮	⋮
交互作用 $A \times B$	$S_{A \times B}$	4	$V_{A \times B}$	$V_{A \times B}/V_e$
⋮	⋮	⋮	⋮	⋮
誤差	S_e	ϕ_e	V_e	
全体	S_T	$n-1$		

手順10 各要因の効果を検定する.

すべての要因において,分散比 F_0 の分子の自由度が1,分母の自由度が1である.したがって,どの要因についても,$F_0 \geq F(1, \phi_e; \alpha)$ のとき,その要因に効果があるといえる.

必要に応じてプーリングする.プーリングの規準,方法は2水準直交表実験の場合と同様である.

手順11 次の実験のための最適水準を選択する.

2水準直交表実験の場合と同様である.

① 単独で有意な主効果

図6.6にもとづいて選択する.

② 有意な2因子交互作用

図 6.7 にもとづいて選択する．

有意な 2 因子交互作用が複数ある場合，基本的には個々に選択すればよいが，$A \times B$ および $A \times C$ のように 2 因子交互作用に共通する主効果がある場合（この場合は主効果 A），個々に選択した結果に矛盾が生じることがある．例えば，$A \times B$ に対しては $A_1 B_1$ が最適水準，$A \times C$ に対しては $A_2 C_1$ が最適水準と選択される場合があるということである．このときは，データの構造式を用いて考える必要があるので，永田靖著『入門　実験計画法』（日科技連出版社）など，より詳しい文献を参照されたい．

6.7　その他の例

本節では，Secula *et al.*(2013) を実験背景として，解析例を示す．

水の浄化に用いられる電気凝固法は，従来の化学凝固法より処理が速く，経済的であることが知られている．しかし，電気凝固法は処理を重ねるにつれ，電極に酸化膜が形成されるため，性能が低下する．そこで，電気凝固法の性能を高めるために，最適な処理条件を実験によって探索する．電気凝固法の性能は，処理される水の脱色率で測られ，値は高いほうがよい．

手順 1　特性，因子，水準，解析したい（2 因子）交互作用を決める．
- 特性：脱色率（高いほうがよい）

表 6.14　取り上げた因子と水準，解析したい（2 因子）交互作用

因子	第 1 水準	第 2 水準	第 3 水準	単位
電流：A	2.73	15.025	27.32	A/m^2
pH：B	3	6	9	
処理時間：C	20	100	180	min
活性炭量：D	0.1	0.3	0.5	g/L
添加物濃度：E	2	26	50	mM

注）解析したい交互作用：$A \times B$, $B \times D$

6.7 その他の例

- 因子，水準，解析したい(2因子)交互作用：表 6.14

手順2 3水準直交表を選択する．

 {(因子数) + 2 ×(解析したい交互作用数) + 1} = 5 + 2 × 2 + 1 = 10 列必要なので，$L_{27}(2^{13})$ で実験する．

手順3 因子を割り付ける．

線点図を用いて因子を直交表へ割り付ける．

必要な線点図は，図 6.8 である．用意された線点図は，図 6.9 と用いるとする．必要な線点図を用意された線点図に当てはめる．因子 A を第1列，因子 B を第2列，因子 D を第5列に当てはめることができ，交互作用 $A \times B$ の列は(第3列，第4列)，交互作用 $B \times D$ の列は(第8列，第11列)である．残りの因子については余っている点に当てはめ，因子 C を第9列，因子 E を第10列に割り付ける(表 6.15)．

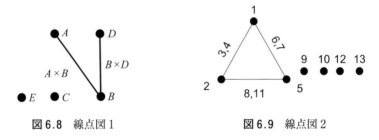

図 6.8 線点図 1　　　　図 6.9 線点図 2

表 6.15 割付け結果

因子	A	B	AB	AB	D			BD	C	E	BD		
列	1	2	3	4	5	6	7	8	9	10	11	12	13

手順4 実験の順序をランダムに決め，実験を行う(表 6.16)．

170   第6章　多くの因子の影響を見たいが詳しくも見たい実験(3水準直交表実験)

表6.16　実験データ

実験No.	1	2	3	4	5	6	7	8	9	10	11	12	13	14
データ	43	60	59	62	66	41	40	43	51	73	73	57	71	62

実験No.	15	16	17	18	19	20	21	22	23	24	25	26	27
データ	72	41	72	66	93	67	66	72	76	97	55	83	59

手順5　データをグラフ化し，考察する．

表6.17を作成し，主効果グラフ(図6.10)を作成する．

表6.17　各因子における各水準の平均値と効果

因子(主効果)		A	B	C	D	E
各水準の平均値	第1水準	51.7	65.7	53.9	61.1	59.3
	第2水準	65.2	68.8	65.2	66.9	67.3
	第3水準	74.2	56.7	72.0	63.1	64.4
全平均		63.7				
効果	第1水準	-12.0	2.0	-9.8	-2.6	-4.4
	第2水準	1.5	5.1	1.5	3.2	3.6
	第3水準	10.5	-7.0	8.3	-0.6	0.7

注)　効果＝各水準の平均値－全平均

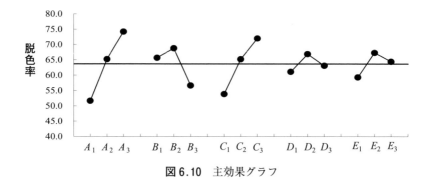

図6.10　主効果グラフ

6.7 その他の例

表6.18,表6.19を作成し,交互作用グラフ(図6.11)を作成する.

主効果においては,主効果A(電流)と主効果C(処理時間)が大きそうだ.電流は大きいほうがよく,処理時間も長いほうがよい.主効果B(pH)はこれらに次いで大きい.溶液はアルカリ性より酸性にしたほうがよさそうである.

交互作用においては,A(電流)とB(pH)との交互作用$A \times B$はなさそうで

表 6.18 $A \times B$ における組合せの平均値

	B_1	B_2	B_3	行の平均値
A_1	54.0	56.3	44.7	51.7
A_2	67.7	68.3	59.7	65.2
A_3	75.3	81.7	65.7	74.2
列の平均値	65.7	68.8	56.7	63.7

表 6.19 $B \times D$ における組合せの平均値

	D_1	D_2	D_3	行の平均値
B_1	69.7	66.7	60.7	65.7
B_2	68.3	68.0	70.0	68.8
B_3	45.3	66.0	58.7	56.7
列の平均値	61.1	66.9	63.1	63.7

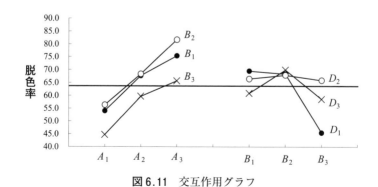

図 6.11 交互作用グラフ

あり，B(pH)とD(活性炭量)との交互作用$B \times D$がありそうである．活性炭の影響は，溶液がアルカリ性(B_3)のときのほうが，より大きく影響を受けてそうだ．

手順6 平方和を計算する．
① 主効果の平方和

表 6.17 の効果の欄の数値を 2 乗し，それぞれの主効果ごとに足し合わせて 9 倍すると各主効果の平方和が求まる．係数 9 は各水準の平均値が 9 個のデータから計算されていることに由来する．ゆえに，この係数は 3 水準である場合，$n/3$ である(n はデータ数)．

$$S_A = (-12.0^2 + 1.5^2 + 10.5^2) \times 9 = 2320.5$$
$$S_B = (2.0^2 + 5.1^2 + (-7.0)^2) \times 9 = 712.07$$
$$S_C = ((-9.8)^2 + 1.5^2 + 8.3^2) \times 9 = 1507.2$$
$$S_D = ((-2.6)^2 + 3.2^2 + (-0.6)^2) \times 9 = 154.96$$
$$S_E = ((-4.4)^2 + 3.6^2 + 0.7^2) \times 9 = 295.41$$

② 2因子交互作用の平方和

表 6.18 および表 6.19 から 2 因子交互作用の平方和を計算する．つまり，(交互作用効果) = (セルの数値) − (行の平均値) − (列の平均値) + (全平均)を計算した表を作成し(表 6.20，表 6.21)，その表中の数値を 2 乗して，3 倍する．この係数 3 は，(セルの数値)は 3 つのデータから計算した平均値であることに由来している．ゆえに，3 水準である場合，$n \div 3^2$ である．

$$S_{A \times B} = (0.4^2 + (-0.4)^2 + 0.0^2 + \cdots + (-1.5)^2) \times 3 = 45.704$$
$$S_{B \times D} = (6.6^2 + (-2.2)^2 + (-4.4)^2 + \cdots + (2.6)^2) \times 3 = 636.59$$

③ 誤差平方和(S_e)

「方法 1：総平方和 S_T から，主効果および交互作用の平方和を引く．」で求める．総平方和(S_T)は，データを実験 No. 順に $y_1, \cdots, y_n$ とすると，

6.7 その他の例

表6.20 $A \times B$ の2因子交互作用効果

	B_1	B_2	B_3
A_1	0.4	-0.4	0.0
A_2	0.5	-2.0	1.5
A_3	-0.9	2.4	-1.5

表6.21 $B \times D$ の2因子交互作用効果

	D_1	D_2	D_3
B_1	6.6	-2.2	-4.4
B_2	2.1	-4.0	1.8
B_3	-8.7	6.1	2.6

$$S_T = \sum_{i=1}^{n}(y_i - \bar{y}.)^2$$

より，$S_T = \{(43 - 63.7)^2 + (60 - 63.7)^2 + \cdots + (59 - 63.7)^2\} = 5745.63$ である．

手順7 自由度を求める．
- すべて3水準なので，主効果の平方和の自由度は2である．
- 交互作用の平方和の自由度は，含まれている主効果の自由度の積なので，すべて4である．
- 誤差平方和の自由度は，(総平方和の自由度 $n - 1 = 26$)から主効果および交互作用の平方和の自由度を引いて，$26 - 2 \times 5 - 4 \times 2 = 8$ である．

手順8 平均平方を求める．
平均平方は，どの要因に対しても，(平方和)÷(自由度)．

手順9 各要因の分散比を求めて，以上を分散分析表にまとめる(**表6.22**)．

第6章 多くの因子の影響を見たいが詳しくも見たい実験(3水準直交表実験)

表6.22 分散分析表

要因	平方和	自由度	平均平方	F_0
A	2320.52	2	1160.2593	126.83**
B	712.07	2	356.0370	38.92**
C	1507.19	2	753.5926	82.38**
D	154.96	2	77.4815	8.47*
E	295.41	2	147.7037	16.15**
$A \times B$	45.70	4	11.4259	1.25
$B \times D$	636.59	4	159.1481	17.40**
誤差	73.19	8	9.1481	
合計	5745.63	26		

手順10 各要因の効果を検定する.

主効果の分散比 F_0 の分子の自由度は2,分母の自由度は8である.したがって,$F_0 \geq F(2, 8 ; 0.05) = 4.46$ のとき,その主効果に効果があるといえる.

交互作用の分散比 F_0 の分子の自由度は4,分母の自由度は8である.したがって,$F_0 \geq F(4, 8 ; 0.05) = 3.84$ のとき,その交互作用に効果があるといえる.

また,$F(2, 8 ; 0.01) = 8.65$,$F(4, 8 ; 0.01) = 7.01$ である.

以上より,主効果 D は有意であり,主効果 A,B,C および交互作用 $B \times D$ が高度に有意である.

〈プーリング〉

$F_0 \leq 2.0$ より交互作用 $A \times B$ を誤差へプーリングする.

プーリング後の誤差平方和 $S_e{}'$ は,

$$S_e{}' = S_e + S_{A \times B} = 73.19 + 45.70 = 118.89$$

である.プーリング後の誤差平方和の自由度は,

表 6.23 プーリング後の分散分析表

要因	平方和	自由度	平均平方	F_0
A	2320.5185	2	1160.2593	117.110**
B	712.0741	2	356.0370	35.936**
C	1507.1852	2	753.5926	76.064**
D	154.9630	2	77.4815	7.821**
E	295.4074	2	147.7037	14.908**
$B \times D$	636.5926	4	159.1481	16.064**
誤差	118.8889	12	9.9074	
合計	5745.6296	26		

$$\phi_e' = \phi_e + \phi_{A \times B} = 8 + 4 = 12$$

である.これらで分散分析表を作成し直すと表 6.23 になる.

$F(2, 12 ; 0.05) = 3.89$, $F(4, 12 ; 0.05) = 3.26$, $F(2, 12 ; 0.01) = 6.93$, $F(4, 8 ; 0.01) = 5.41$ より,すべての要因が高度に有意となった.

手順 11 次の実験のための最適水準を選択する.

主効果単独で有意なものは,A(電流),C(処理時間),E(添加物濃度)である.これらは個別に最適水準を選べばよい.特性値(脱色率)は,高いほうがよいので,

A(電流):第 3 水準 27.32 A/m^2

C(処理時間):第 3 水準 180 min

E(添加物濃度):第 2 水準 26 mM

である.

B(pH)と D(活性炭量)はそれらの交互作用 $B \times D$ が高度に有意なので,表 6.19 より組合せで選択する.よって,B_2D_3(B の第 2 水準と D の第 3 水準)が最適水準である.しかし,図 6.11 を見ると,B_2D_1 や B_2D_2,B_1D_1,B_1D_2,

B_3D_2 でもよさそうである.$B \times D$ においては,B_2 に限定すると特性値は D の影響をあまり受けず,D_2 に限定すると B の影響をあまり受けないという関係になっている.B と D の最適水準をともに第 2 水準 (B_2D_2) にしておくと,pH の調整や活性炭の計量のばらつきがあっても,脱色率は安定する.したがって,

B(pH):第 2 水準 pH = 6

D(活性炭量):第 2 水準 0.3 g/L

がよい.

第7章
枝分れ実験

7.1 はじめに

　これまでに説明してきた紙ヘリコプター実験の目的を，もう一度振り返ろう．それは，滞空時間の真値が最も大きくなるような紙ヘリコプターの形状を見つけることであった．滞空時間の真値が大きい形状の紙ヘリコプターは，平均的には滞空時間が長くなる．しかし，誤差が大きいと，実際には，滞空時間が短くなる紙ヘリコプターも多く作成されてしまう．

　例えば，紙ヘリコプターにA社製とB社製があるとする．A社製はそれほど滞空時間の真値は大きくないが，誤差は小さい．一方，B社製は滞空時間の真値は大きいが，誤差が大きい．実際に作成した紙ヘリコプターにおいては，A社製はB社製より平均的には滞空時間が長くなるが，短くなる紙ヘリコプターも多く出ることになる．顧客の視点においては，顧客はどのような紙ヘリコプターをつかむかわからないのだから，誤差の小さいB社製を選ぶ可能性も十分にある．真値の向上もさることながら，誤差を小さくすることも重要なのである．本章では，そのための誤差の分析方法として枝分れ実験を紹介する．

　枝分れ実験の意義を実験誤差という観点から説明しよう．同じ形状の紙ヘリコプターであっても，複数の機体を作成すると，それらの滞空時間は異なる．そのばらつきが実験誤差である．実験誤差は大きく2つに分けることができる．「紙ヘリコプター自体の微妙な違いによって生じる誤差」と「測定誤差」である．「紙ヘリコプター自体の微妙な違いによって生じる誤差」を機体間誤差とよぼう．機体間誤差は，作成時に生じる羽の曲がりや材質のわずかな違いなど

による機体そのものの微小差である．一方，測定誤差とは，測定に起因するデータのばらつきである．たとえ，まったく同じ紙ヘリコプターを作成できたとしても，滞空時間を測定するときに，微小な風，落下させるタイミングなどによってデータにばらつきが生じる．機体間誤差と測定誤差は，誤差の低減という場面において，分けておく必要がある．なぜなら，誤差を低減するために攻める所がまるっきり異なるからである．この分解をせずに，誤差が大きいからといって，治工具を工夫して機体作成方法を改善したとしても，測定誤差に問題がある場合，何の改善にもならないからである．このような分解を行うために，枝分れ実験を使うことができる．

本章では，紙ヘリコプターの実験誤差を低減するための方法として，枝分れ実験を紹介する．

7.2 実験誤差の中身

前節で説明したように，実験誤差は，

(実験誤差) = (機体間誤差) + (測定誤差)

のように分けられる．これらの誤差は，何らかの作業を行ったときと，時の経過によって生じる．時の経過による誤差を知るためには，時間を置いて実験や測定を行えばよい．作業を行ったことによる誤差は，作業プロセスを明確にすると理解しやすい．

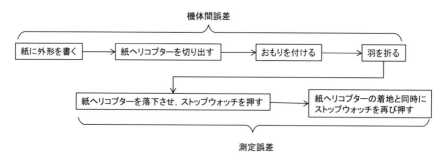

図7.1 滞空時間が得られるまでの作業プロセス

滞空時間が得られるまでの作業プロセスをざっと書くと図7.1のようになる．「紙に外形を書く」ところから「羽を折る」までが，機体作成プロセスであり，そこでの作業におけるわずかなズレが機体間誤差になる．「紙ヘリコプターを落下させ，ストップウォッチを押す」と「紙ヘリコプターの着地と同時にストップウォッチを再び押す」が測定プロセスである．そこでの作業におけるわずかなズレが測定誤差になる．

図7.1は，1つのデータが得られるまでのプロセスである．実験においても，製造においても，複数のデータが得られるのだから，複数回の作業に対して，その様子を明確にしておく必要がある．ここでは，

「4人の作業者，もしくは実験者が図7.1に示したプロセスを連続で行う」と仮定する．例えば，$L_{16}(2^{15})$の実験は16回行う必要があるが，4人で分担し，4回ずつ図7.1のプロセスに従って実験を行う，ということである．

また，時の経過によっても誤差が生じるのだから，これについても条件を設定しなければならない．ここでは，全実験を半日程度で終えるものとする．

実験誤差はさまざまな要因によって発生するため，これらのように条件を明確に定めておく必要がある．これらの条件を変えると，実験誤差の大きさは変わる．例えば，4人ではなく，すべて1人で行うとか，実験の間隔を1日空けるなどである．一般的に，1人で行ったり，間隔を短くしたりしたほうが，誤差は小さい．

以上の条件下で，実験誤差を分解してみよう．

7.3 枝分れ実験

作業者が4人いるわけだから，作業者のクセ，技量によってもデータに誤差が生じる．この条件下では，機体間誤差をさらに

　　　　(機体間誤差) = (作業者による誤差)
　　　　　　　　　　+ (ある作業者が作成した紙ヘリコプターの誤差)

のように分解できる．よって，実験誤差は

　　　　(実験誤差) = (作業者による誤差)

　　　　+（ある作業者が作成した紙ヘリコプターの誤差）
　　　　+（測定誤差）
のように分解される．ここでは，これら3種類の誤差の大きさを調べるために実験を行おう．

　測定誤差の大きさを知るためには，ある作業者が作成した1つの紙ヘリコプターに対して，複数回測定すればよい．例えば，2回測定したとしたら，2つのデータの違いが測定誤差である（図7.2）．次に，（ある作業者が作成した紙ヘリコプターの誤差）を知るためにはどのようにすればよいだろうか．もし，

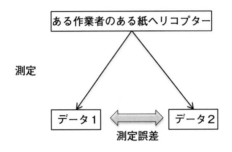

図 7.2　測定誤差

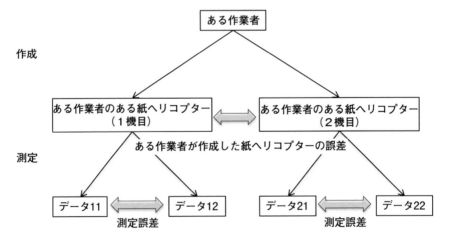

図 7.3　ある作業者が作成した紙ヘリコプターの誤差

測定誤差がゼロだとしたら，**図7.2**のデータは同じ値である．ならば，その作業者がもう1機作成すれば，1つ目と2つ目のデータの違いが(ある作業者が作成した紙ヘリコプターの誤差)である(**図7.3**)．実際には測定誤差があるので，(データ11)と(データ12)の平均値と(データ21)と(データ22)の平均値の違いが，(ある作業者が作成した紙ヘリコプターの誤差)の代用品となる．最後に(作業者による誤差)は，4人が**図7.3**と同様の作業を行えばよい．以上をまとめると，上記の3種類の誤差の大きさを知るためには，

「4人の作業者がそれぞれ，同じ形状の紙ヘリコプターを2つずつ作成し，
それらの紙ヘリコプターをそれぞれ2回ずつ測定」

すればよい．このことを模式的に表すと**図7.4**のようになる．**図7.4**において，対象作業者を一番上の縦棒で表し，ある作業者が2機ずつ紙ヘリコプターを作成することを一番上の縦棒から2つに枝分れすることで示している．同様にし

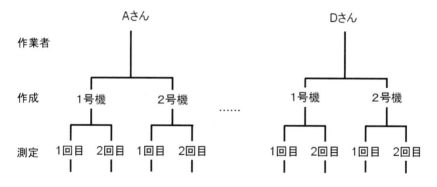

図7.4 実験誤差を分解するための実験

表7.1 図7.4に従った枝分れ実験によるデータ

人	Aさん				Bさん				Cさん				Dさん			
作成	1号機		2号機		1号機		2号機		1号機		2号機		1号機		2号機	
測定	1回目	2回目	1回目	2回目	1回目	2回目	1回目	2回目	1回目	2回目	1回目	2回目	1回目	2回目	1回目	2回目
データ	4.50	4.65	4.31	4.75	4.56	4.62	4.93	4.93	4.84	4.81	5.25	5.03	4.90	5.00	4.63	4.42

て，ある紙ヘリコプターを2回測定することを，真ん中から下の段へ向けて2つに分かれることで示している．図7.4に従って実験を行い，データをとると，表7.1のようになった．次に表7.1を分析し，各種誤差の大きさを求める．

7.4 誤差の大きさの分析

　枝分れ実験においても，分散分析を通じて，誤差の大きさを分析する．ゆえに，「作業者による誤差」，「ある作業者が作成した紙ヘリコプターの誤差」，「測定誤差」について，平方和，自由度，平均平方を求めることで，これら3つの誤差の大きさを推定することができる．最終的に，3つの平均平方を用いて，さらに計算することで誤差の大きさを推定するのだが，平均平方は分散と等価であるので，各種の誤差の大きさとは各種の分散のことである．枝分れ実験における誤差の分析とは，全体の誤差を構成する要素の分散を求めることである．

7.4.1 測定誤差の平方和

　測定誤差の平均平方は，測定誤差の分散そのものである．それは，測定以後に何も作業を行っていないため，測定以後に誤差が生じていないからである．機体にもとづく誤差を「設計図からのズレ」と解釈するとわかりやすい．表7.1の左から2つのデータで解説する．表7.1の最も左のデータ4.50秒は，

$$4.50(秒) = (滞空時間の真値) + (Aさん特有のズレ)$$
$$+ (1機目に生じたズレ) + (\underline{1回目の測定に生じた測定誤差})$$

のように分解できる．「滞空時間の真値」とは設計図どおりパーフェクトに作成でき，測定誤差もないときの滞空時間のことである．このようにして，データが生じているのだと考える．表7.1の左から2番目のデータ4.65秒は，

$$4.65(秒) = (滞空時間の真値) + (Aさん特有のズレ)$$
$$+ (1機目に生じたズレ) + (\underline{2回目の測定に生じた測定誤差})$$

である．これら2つのデータの違いは，測定が1回目か2回目かの違いでしかない．よって，差をとれば，測定誤差の大きさがわかる．今までどおり，統計

7.4 誤差の大きさの分析

学においては，誤差を含め，ばらつきの大きさは2乗で表すことから，

$$\frac{(4.50-4.65)^2}{2} = 0.0113$$

は測定誤差の大きさを示している．2で割るのは平方和の計算と一致させるためである．上記と同様に，データの構成要素を考えると，左から3番目と4番目の差も測定誤差を表している．よって，測定の1回目と2回目のデータの差をとった表(表7.2)を作成することで，測定誤差の大きさを推定できる．表7.2の測定誤差の行の値をそれぞれ2乗し，足し合わせて2で割ることで測定誤差の平方和が得られる．すなわち，測定誤差の平方和 S_γ は，

$$S_\gamma = \frac{[(-0.15)^2 + (-0.44)^2 + \cdots + (0.21)^2]}{2} = 0.16155$$

となる．

測定誤差の行は，表7.1の第1回目と第2回目の測定データの差である．

表7.2 測定誤差の平方和を求めるための表

人	Aさん		Bさん		Cさん		Dさん	
作成	1号機	2号機	1号機	2号機	1号機	2号機	1号機	2号機
差	-0.15	-0.44	-0.06	0.00	0.03	0.22	-0.10	0.21

7.4.2 ある作業者が作成した紙ヘリコプターの誤差の平方和

表7.2は測定の1回目と2回目に関して差をとったが，今度は平均をとった表を作成してみよう(表7.3)．

表7.3 表7.1の測定に関して平均をとった値

人	Aさん		Bさん		Cさん		Dさん	
作成	1号機	2号機	1号機	2号機	1号機	2号機	1号機	2号機
平均値	4.58	4.53	4.59	4.93	4.83	5.14	4.95	4.53

表 7.3 の左端の値 4.58 は,

$$4.58 = (滞空時間の真値) + (A さん特有のズレ)$$
$$+ (1 機目に生じたズレ) + (1 回目と 2 回目の測定誤差の平均値)$$

である. 表 7.3 の左から 2 番目の値 4.53 は,

$$4.53 = (滞空時間の真値) + (A さん特有のズレ)$$
$$+ (2 機目に生じたズレ) + (1 回目と 2 回目の測定誤差の平均値)$$

である. これら 2 つの値は「滞空時間の真値」および「A さん特有のズレ」を共通にもっているから, 差をとれば, おおよそ 1 機目と 2 機目の紙ヘリコプターの違いになる.「おおよそ」と断ったのは, 測定は共通していないため, 差をとっても相殺されないが, 平均値をとっているため, 測定誤差の影響が弱まっていることを意識してのことである. したがって, 表 7.2 の作成と同様に, 表 7.3 に対して, 各作業者における 2 機の紙ヘリコプターに対応する値の差 (表 7.4) から, ある作業者が作成した紙ヘリコプターの誤差の平方和を求めることができる. 表 7.4 の各値を 2 乗して足し合わせたものが, ある作業者が作成した紙ヘリコプターの誤差の平方和 S_β である. すなわち,

$$S_\beta = [0.05^2 + (-0.34)^2 + (-0.32)^2 + 0.43^2] = 0.397475$$

である.

表 7.4 表 7.3 の各作業者における 2 機の紙ヘリコプターに対応する値の差

人	A さん	B さん	C さん	D さん
機差	0.05	− 0.34	− 0.32	0.43

7.4.3 作業者による誤差の平方和

これまでと同様に考えればよい. 表 7.3 において, 各作業に対応する 2 つの値は, いずれも各作業者によるズレが共通に入っている. したがって, 各作業者において, 対応する 2 つのデータの平均値をとれば, それらは各作業者を代表する滞空時間となっている (表 7.5).

表 7.5 における値の違いが, 作業者の違いによって生じた誤差をおおよそ示

7.4 誤差の大きさの分析

表7.5　各作業者を代表する滞空時間と偏差

人	Aさん	Bさん	Cさん	Dさん
	4.5525	4.76	4.9825	4.7375
偏差	− 0.205625	0.001875	0.224375	− 0.020625

注）偏差とは，全平均との差である．

している．ここでも「おおよそ」と断ったのは，これらの値には，測定誤差，および，2つの紙ヘリコプターの違いも含まれているが，平均されて影響が弱まったことを意識してのことである．したがって，作業者による誤差の平方和 S_α は，表7.5の値に対して，通常の平方和の計算で求められる．

まず，表7.5の値に対して平方和を求める．全平均が4.758125であるため，各値に対して全平均との差をとると，表7.5の「偏差」の行の値になる．表7.5の「偏差」の行の値をそれぞれ2乗して足し合わせると，0.093054687となる．平方和の計算と一致させるため，4倍すると作業者による誤差の平方和

$$S_\alpha = 4 \times 0.093054687 = 0.37221875$$

が求められる．この係数の4は，各作業者に対応するデータが4つずつあることに起因している．

7.4.4　分散分析表

測定誤差の平方和，および，ある作業者が作成した紙ヘリコプターの誤差の平方和は，共通する要素が含むようにペアを作り，ペア内で差をとって2乗し，足し合わせた．ペアが異なればデータも異なるため，各ペア同士は独立している．したがって，これら2つの平方和の自由度は，ペアの個数が自由度となる．一方，作業者による誤差の平方和は，通常の平方和と同じ方法で求められているため，自由度もこれまでと同様，（水準数）− 1で求められる．ここでは，水準の設定はないが，作業者が水準と同じであり，したがって，作業者による誤差の平方和は，（作業者の人数）− 1である．

これまでのことを分散分析表にまとめると，表7.6のようになる．平均平方

表7.6 分散分析表

要因	平方和	自由度	平均平方
作業者	0.37221875	3	0.124072917
作成	0.397475	4	0.09936875
測定	0.16155	8	0.02019375
合計	0.93124375	15	

注)「作業者」は作業者による誤差,作業者が作成した紙ヘリコプターの誤差,「測定」は測定誤差を示している.

はこれまでと同様,平方和を自由度で割ったものである.

7.4.5 誤差の大きさの推定

7.4.1項で説明したとおり,測定誤差の平方和には,純粋に測定誤差しか含まれていない.したがって,測定誤差の平方和の平均平方 $V_\gamma = 0.2019$ が測定誤差の大きさである.

ある作業者が作成した紙ヘリコプターの誤差の平方和,および,平均平方には,測定誤差の平方和のように純粋ではなく,そのなかに,**7.4.2項**より,「ある作業者が作成した紙ヘリコプターの誤差」と「測定誤差」が含まれている.よって,純粋な「ある作業者が作成した紙ヘリコプターの誤差」の大きさを推定するためには,ある作業者が作成した紙ヘリコプターの誤差の平均平方 V_β から,測定誤差の平方和の平均平方 V_γ を差し引くことが必要である.実際には,

(ある作業者が作成した紙ヘリコプターの誤差)の大きさ

$$= \frac{V_\beta - V_\gamma}{2} = \frac{0.09936875 - 0.2019}{2} = 0.0395875$$

という計算で求めることができる.引いて2で割る理由は,統計学的な理論展開によるものである.

作業者による誤差の平方和,および,平均平方には,「作業者による誤差」,

7.4 誤差の大きさの分析

「ある作業者が作成した紙ヘリコプターの誤差」,「測定誤差」が含まれている.したがって,純粋な「作業者による誤差」の大きさを推定するためには,「ある作業者が作成した紙ヘリコプターの誤差」,「測定誤差」を作業者による誤差の平均平方から引き去る必要がある. 純粋な「ある作業者が作成した紙ヘリコプターの誤差」,「測定誤差」は上で推定したから,それらを用いて引き去る.実際には,

(作業者による誤差)の大きさ

$$= \frac{V_\alpha - V_\beta}{4} = \frac{0.124072917 - 0.09936875}{4} = 0.006176042$$

のように推定される. 上式には, 測定誤差の平均平方が入っていないが, 測定誤差は V_β にも含まれるため, 明示的になっていないだけである.

以上より, 実験誤差を「作業者による誤差」,「ある作業者が作成した紙ヘリコプターの誤差」,「測定誤差」に分離でき, それらの大きさを推定できた(表7.7). 3つの成分の大きさを比較すると,「ある作業者が作成した紙ヘリコプターの誤差」と「測定誤差」が大きく,「作業者による誤差」が小さい. すなわち, 作業者特有のクセはなく均一であるが, 繰り返し作成すると紙ヘリコプターに違いが生じる, ということである. また, 測定誤差の大きさも, 繰り返し作成した紙ヘリコプターに生じる違い並みに大きいということである.

測定方法の改善, および, 紙ヘリコプターの作成方法そのものの改善が必要ということである.

表7.7 実験誤差の分析結果

実験誤差の成分	大きさ
作業者による誤差	0.0062
ある作業者が作成した紙ヘリコプターの誤差	0.0396
測定誤差	0.0202

7.5 枝分れ実験解析手順（3段の場合）

手順1 特性，因子を決め，図7.4のように枝分れ実験の計画を明確にする．

因子といっても前章までの因子とは性質が異なる．誤差の成分であり，実際に枝分れさせることが可能なものである．

手順2 実験を行い，データをとり，表7.1のようにまとめる．

手順3 図7.5のように平均値を求め，表7.3および表7.5のようにまとめる．

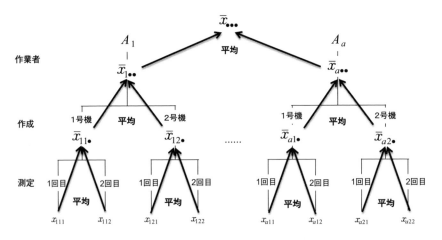

図7.5 平方和を求めるための平均値の計算

手順4 平方和を計算する．

① 最下段（測定）の平方和（S_γ）

図7.6のように最下段のデータをグルーピングする．各グループの平方和を求め，すべてのグループについて足す．すなわち，

$$S_\gamma = \sum_{i=1}^{a} \sum_{j=1}^{2} \sum_{k=1}^{2} (x_{ijk} - \bar{x}_{ij\cdot})^2 = \sum_{i=1}^{a} \sum_{j=1}^{2} \frac{1}{2}(x_{ij1} - x_{ij2})^2$$

7.5 枝分れ実験解析手順(3段の場合)

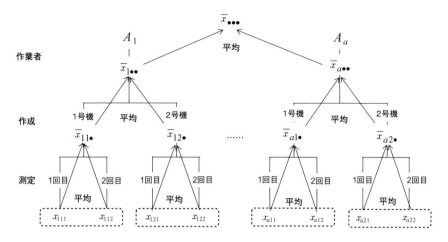

図7.6 最下段(測定)の平方和を求めるためのデータのグルーピング

である．表7.2 を作成し，表中の数値を 2 乗して 1/2 したものを足せばよい．

② 中段(作成)の平方和(S_β)

図7.7 のように中段の平均値をグルーピングする．各グループにおいて平方和を求め，すべてのグループについて足す．すなわち，

$$S_\beta = 2\sum_{i=1}^{a}\sum_{j=1}^{2}(\overline{x}_{ij\bullet}-\overline{x}_{i\bullet\bullet})^2 = 2\sum_{i=1}^{a}\sum_{j=1}^{2}\frac{1}{2}(\overline{x}_{i1\bullet}-\overline{x}_{i2\bullet})^2 = \sum_{i=1}^{a}(\overline{x}_{i1\bullet}-\overline{x}_{i2\bullet})^2$$

である．表7.4 を作成し，表中の数値を 2 乗したものを足せばよい．

③ 最上段(作成)の平方和(S_α)

最上段の a 個の平均値は 1 つのグループとして平方和を求め，4 倍する．すなわち，

$$S_\alpha = 4\sum_{i=1}^{a}(\overline{x}_{i\bullet\bullet}-\overline{x}_{\bullet\bullet\bullet})^2$$

である．表7.5 を作成し，表中の数値を 2 乗し，足した結果を 4 倍すればよい．
4 倍する理由は平方和分解を可能にするためであるが，最上段の平均値は 4

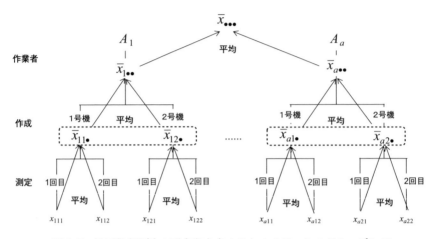

図 7.7 最下段（測定）の平方和を求めるためのデータのグルーピング

つのデータの平均値であるので，各平方和がもつデータの量を等しくするための係数という意味がある．S_β の第 1 項目において 2 倍しているのもそのためである．

④ 総平方和 (S_T)

総平方和は常に全データに対する平方和である．すなわち，

$$S_T = \sum_{i=1}^{a} \sum_{j=1}^{2} \sum_{k=1}^{2} (\overline{x}_{ijk} - \overline{x}_{\cdots})^2$$

である．

手順 5 自由度を求める．

- 最上段は，$a - 1$．
- 中段は，a．（**表 7.4** の数値の個数，**図 7.7** のグループ数に対応している）
- 最下段，$2a$．（**表 7.2** の数値の個数，**図 7.6** のグループ数に対応している）

手順6 平均平方を求める．

平均平方は，どの要因に対しても，(平方和)÷(自由度)．

手順7 以上を分散分析表にまとめる(表7.8)．

表7.8 分散分析表

要因	平方和	自由度	平均平方
最上段(作業者)	S_α	$a-1$	V_α
中段(作成)	S_β	a	V_β
最下段(測定)	S_γ	$2a$	V_γ
全体	S_T	$n-1$	

手順8 分散成分を求める．

7.4.5項に従って，誤差の成分の大きさを求める．各要因に対するばらつきの成分のことを分散成分という．

手順9 誤差を小さくするための対策を考える．

手順8で求めた誤差の成分の大きさが大きいものに着目し，対策を立案する．

7.6 その他の例

回路基板の製造工程の一つである銅めっき処理工程(以下，めっき工程)では，銅めっき膜厚(以下，膜厚)のばらつきが問題となっている．めっき工程では，前工程から送られてくる絶縁樹脂100個を1バッチとして銅めっき処理を施されて回路基板が完成する．枝分かれ実験によって膜厚のばらつきを分解し，ばらつき低減対策の攻め所を考える．

手順1 特性，因子を決め，図7.4のように枝分かれ実験の計画を明確にする．
- 特性：銅めっき膜厚

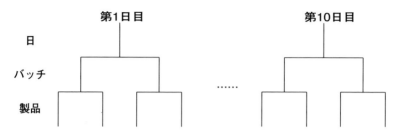

図 7.8　日，バッチ，製品による枝分れ実験

- 因子：日(10 日)，バッチ，製品(銅めっき処理後の回路基板)

品質問題を考える際の特性値の典型的な変動は，日間変動，バッチ間変動，である．これらの大きさを推定するためには，枝分れ実験の因子として日，直，バッチをとればよい．つまり，

1) 日においてサンプリングするバッチをランダムに 2 つ指定し，
2) 指定されたバッチ中の回路基板をランダムに 2 つ選び，
3) 選ばれた回路基板の膜厚を 1 回測定する，

となる．このことを図示すると図 7.8 のようになる．

手順 2　実験を行い，データをとり，表 7.1 のようにまとめる．

手順 1 で示したとおりにサンプリング，および測定を行うと表 7.9 のような結果になった．

表 7.9　枝分れ実験のデータ

日	1		2		3		4		5		6		7		8		9		10	
バッチ番号	1	2	1	2	1	2	1	2	1	2	1	2	1	2	1	2	1	2	1	2
製品 1	8.81	10.44	10.33	14.31	10.24	10.46	13.32	11.79	10.96	10.92	11.98	14.58	7.52	7.18	12.90	15.07	10.10	11.36	13.85	12.88
製品 2	8.55	11.07	12.99	14.42	9.94	9.84	11.97	12.88	11.65	8.58	12.58	14.79	7.81	8.35	10.91	12.09	10.65	10.21	13.56	12.15

手順 3　図 7.5 のように平均値を求め，表 7.3 および表 7.5 のようにまとめる．

手順4 平方和を計算する.

① (バッチ内の)製品間変動の平方和 S_γ

表7.10(1)における製品間の差を2乗して足したものを1/2すればよく,

$$S_\gamma = (0.26^2 + \cdots + 0.73^2)/2 = 16.96425$$

である.

② バッチ間変動の平方和 S_β

表7.10(2)におけるバッチ間の差を2乗して足せばよい. つまり,

表7.10 各平方和を計算するための表
(1) 〈製品間の差の表〉

日	1		2		3		4		5		6		7		8		9		10	
バッチ番号	1	2	1	2	1	2	1	2	1	2	1	2	1	2	1	2	1	2	1	2
製品1	8.81	10.44	10.33	14.31	10.24	10.46	13.32	11.79	10.96	10.92	11.98	14.58	7.52	7.18	12.90	15.07	10.10	11.36	13.85	12.88
製品2	8.55	11.07	12.99	14.42	9.94	9.84	11.97	12.88	11.65	8.58	12.58	14.79	7.81	8.35	10.91	12.09	10.65	10.21	13.56	12.15
製品間の差	0.26	-0.63	-2.66	-0.11	0.30	0.62	1.35	-1.09	-0.69	2.34	-0.60	-0.21	-0.29	-1.17	1.99	2.98	-0.55	1.15	0.29	0.73

(2) 〈2つの製品の平均値(バッチの代表値)とそれらの差(バッチ間の差)〉

日	1		2		3		4		5		6		7		8		9		10	
バッチ番号	1	2	1	2	1	2	1	2	1	2	1	2	1	2	1	2	1	2	1	2
製品の平均(バッチの代表値)	8.68	10.76	11.66	14.37	10.09	10.15	12.65	12.34	11.31	9.75	12.28	14.69	7.67	7.77	11.91	13.58	10.38	10.79	13.71	12.52
バッチ間の差	-2.075		-2.705		-0.060		0.310		1.555		-2.405		-0.100		-1.675		-0.410		1.190	

(3) 〈バッチの平均(日の代表値)〉

日	1	2	3	4	5	6	7	8	9	10
バッチの平均(日の代表値)	9.7175	13.0125	10.1200	12.4900	10.5275	13.4825	7.7150	12.7425	10.5800	13.1100

$$S_\beta = \{(-2.075)^2 + \cdots + (1.190)^2\} = 24.324225$$

である．

③ バッチ間変動の平方和 S_α

表7.10(3)に対して，通常の平方和を求めて4倍すればよい．つまり，全平均が11.34975なので，

$$S_\alpha = \{(9.7175 - 11.34975)^2 + \cdots + (13.1100 - 11.34975)^2\} \times 4$$
$$= 129.2332225$$

である．

④ 総平方和 S_T

表7.9において通常の平方和を計算する．

$$S_T = 170.5216975$$

手順5 自由度を求める．
- 最上段：$a - 1 = 10 - 1 = 9$
- 中段：$a = 10$
- 最下段：$2a = 20$

手順6 平均平方を求める．

平均平方は，どの要因に対しても，（平方和）÷（自由度）．

手順7 以上を分散分析表にまとめる（表7.11）．

手順8 分散成分を求める．

（バッチ内の製品間変動）の大きさ
$$= V_\gamma = 0.8482125.$$

（バッチ間変動）の大きさ

7.6 その他の例

表7.11 分散分析表

要因	平方和	自由度	平均平方
日	129.2332225	9	14.35924694
バッチ	24.324225	10	2.4324225
製品	16.96425	20	0.8482125
全体	170.5216975	39	

$$= \frac{V_\beta - V_\gamma}{2} = \frac{2.4324225 - 0.8482125}{2} = 0.792105$$

（日間変動）の大きさ

$$= \frac{V_\alpha - V_\beta}{4} = \frac{14.35924694 - 2.4324225}{4} = 2.981706$$

手順9 誤差を小さくするための対策を考える．

　表7.12より日間変動は，バッチ内の製品間変動やバッチ間変動の約3.7倍ある．よって，膜厚のばらつき全体を低減するためには，日間変動を起こす原因を追究する必要がある．

　典型的には，バッチ内の製品間変動，バッチ間変動，日間変動の順に大きくなる傾向にある．しかし，バッチ内の製品間変動はバッチ間変動と同じ程度である．これはバッチ内の不均一さを示している可能性があり，例えば，めっき液の濃度がバッチ内で不均一になっている，といったことが懸念されるので，一度，調べておく必要がありそうである．

表7.12 膜厚のばらつきの分析結果

膜厚のばらつきの成分	大きさ
日間変動	2.982
バッチ間変動	0.792
バッチ内の製品間変動	0.848

付　　表

付表 1　t 表 …………………………………………… 198
付表 2　F 表（0.5％） ………………………………… 199
付表 3　F 表（5％，1％） …………………………… 200
付表 4　F 表（2.5％） ………………………………… 202
付表 5　F 表（10％） ………………………………… 203
付表 6　F 表（25％） ………………………………… 204

出　典
　　森口繁一，日科技連数値表委員会（代表：久米均）編：『新編 日科技連数値表―第 2 版―』（日科技連出版社，2009 年）から許可を得て転載．

付表1　t 表

$t(\phi, P)$

（自由度 ϕ と両側確率 P とから t を求める表）

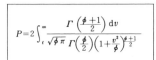

$$P = 2\int_t^\infty \frac{\Gamma\left(\frac{\phi+1}{2}\right)}{\sqrt{\phi\pi}\,\Gamma\left(\frac{\phi}{2}\right)\left(1+\frac{v^2}{\phi}\right)^{\frac{\phi+1}{2}}}\,dv$$

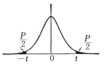

P \ ϕ	0.50	0.40	0.30	0.20	0.10	**0.05**	0.02	**0.01**	0.001	ϕ
1	1.000	1.376	1.963	3.078	6.314	**12.706**	31.821	**63.657**	636.619	1
2	0.816	1.061	1.386	1.886	2.920	**4.303**	6.965	**9.925**	31.599	2
3	0.765	0.978	1.250	1.638	2.353	**3.182**	4.541	**5.841**	12.924	3
4	0.741	0.941	1.190	1.533	2.132	**2.776**	3.747	**4.604**	8.610	4
5	0.727	0.920	1.156	1.476	2.015	**2.571**	3.365	**4.032**	6.869	5
6	0.718	0.906	1.134	1.440	1.943	**2.447**	3.143	**3.707**	5.959	6
7	0.711	0.896	1.119	1.415	1.895	**2.365**	2.998	**3.499**	5.408	7
8	0.706	0.889	1.108	1.397	1.860	**2.306**	2.896	**3.355**	5.041	8
9	0.703	0.883	1.100	1.383	1.833	**2.262**	2.821	**3.250**	4.781	9
10	0.700	0.879	1.093	1.372	1.812	**2.228**	2.764	**3.169**	4.587	10
11	0.697	0.876	1.088	1.363	1.796	**2.201**	2.718	**3.106**	4.437	11
12	0.695	0.873	1.083	1.356	1.782	**2.179**	2.681	**3.055**	4.318	12
13	0.694	0.870	1.079	1.350	1.771	**2.160**	2.650	**3.012**	4.221	13
14	0.692	0.868	1.076	1.345	1.761	**2.145**	2.624	**2.977**	4.140	14
15	0.691	0.866	1.074	1.341	1.753	**2.131**	2.602	**2.947**	4.073	15
16	0.690	0.865	1.071	1.337	1.746	**2.120**	2.583	**2.921**	4.015	16
17	0.689	0.863	1.069	1.333	1.740	**2.110**	2.567	**2.898**	3.965	17
18	0.688	0.862	1.067	1.330	1.734	**2.101**	2.552	**2.878**	3.922	18
19	0.688	0.861	1.066	1.328	1.729	**2.093**	2.539	**2.861**	3.883	19
20	0.687	0.860	1.064	1.325	1.725	**2.086**	2.528	**2.845**	3.850	20
21	0.686	0.859	1.063	1.323	1.721	**2.080**	2.518	**2.831**	3.819	21
22	0.686	0.858	1.061	1.321	1.717	**2.074**	2.508	**2.819**	3.792	22
23	0.685	0.858	1.060	1.319	1.714	**2.069**	2.500	**2.807**	3.768	23
24	0.685	0.857	1.059	1.318	1.711	**2.064**	2.492	**2.797**	3.745	24
25	0.684	0.856	1.058	1.316	1.708	**2.060**	2.485	**2.787**	3.725	25
26	0.684	0.856	1.058	1.315	1.706	**2.056**	2.479	**2.779**	3.707	26
27	0.684	0.855	1.057	1.314	1.703	**2.052**	2.473	**2.771**	3.690	27
28	0.683	0.855	1.056	1.313	1.701	**2.048**	2.467	**2.763**	3.674	28
29	0.683	0.854	1.055	1.311	1.699	**2.045**	2.462	**2.756**	3.659	29
30	0.683	0.854	1.055	1.310	1.697	**2.042**	2.457	**2.750**	3.646	30
40	0.681	0.851	1.050	1.303	1.684	**2.021**	2.423	**2.704**	3.551	40
60	0.679	0.848	1.046	1.296	1.671	**2.000**	2.390	**2.660**	3.460	60
120	0.677	0.845	1.041	1.289	1.658	**1.980**	2.358	**2.617**	3.373	120
∞	0.674	0.842	1.036	1.282	1.645	**1.960**	2.326	**2.576**	3.291	∞

例　$\phi = 10$, $P = 0.05$ に対する t の値は，2.228 である．これは自由度 10 の t 分布に従う確率変数が 2.228 以上の絶対値をもって出現する確率が 5 ％であることを示す．

注1．$\phi > 30$ に対しては $120/\phi$ を用いる 1 次補間が便利である．

注2．表から読んだ値を，$t(\phi, P)$, $t_P(\phi)$, $t_\phi(P)$ などと記すことがある．

注3．出版物によっては，$t(\phi, P)$ の値を上側確率 $P/2$ や，その下側確率 $1-P/2$ で表現しているものもある

付表 2　F 表 (0.5%)

$F(\phi_1, \phi_2; 0.005)$

(分子の自由度 ϕ_1, 分母の自由度 ϕ_2 の F 分布の上側 0.5% の点を求める表)

ϕ_2 \ ϕ_1	1	2	3	4	5	6	7	8	9	10	12	15	20	24	30	40	60	120	∞
1	199.	199.	199.	199.	199.	199.	199.	199.	199.	199.	199.	199.	199.	199.	199.	199.	199.	199.	200.
2	55.6	49.8	47.5	46.2	45.4	44.8	44.4	44.1	43.9	43.7	43.4	43.1	42.8	42.6	42.5	42.3	42.1	42.0	41.8
3	31.3	26.3	24.3	23.2	22.5	22.0	21.6	21.4	21.1	21.0	20.7	20.4	20.2	20.0	19.9	19.8	19.6	19.5	19.3
4	22.8	18.3	16.5	15.6	14.9	14.5	14.2	14.0	13.8	13.6	13.4	13.1	12.9	12.8	12.7	12.5	12.4	12.3	12.1
5	18.6	14.5	12.9	12.0	11.5	11.1	10.8	10.6	10.4	10.3	10.0	9.81	9.59	9.47	9.36	9.24	9.12	9.00	8.88
6	16.2	12.4	10.9	10.1	9.52	9.16	8.89	8.68	8.51	8.38	8.18	7.97	7.75	7.64	7.53	7.42	7.31	7.19	7.08
7	14.7	11.0	9.60	8.81	8.30	7.95	7.69	7.50	7.34	7.21	7.01	6.81	6.61	6.50	6.40	6.29	6.18	6.06	5.95
8	13.6	10.1	8.72	7.96	7.47	7.13	6.88	6.69	6.54	6.42	6.23	6.03	5.83	5.73	5.62	5.52	5.41	5.30	5.19
9	12.8	9.43	8.08	7.34	6.87	6.54	6.30	6.12	5.97	5.85	5.66	5.47	5.27	5.17	5.07	4.97	4.86	4.75	4.64
10	12.2	8.91	7.60	6.88	6.42	6.10	5.86	5.68	5.54	5.42	5.24	5.05	4.86	4.76	4.65	4.55	4.44	4.34	4.23
11	11.8	8.51	7.23	6.52	6.07	5.76	5.52	5.35	5.20	5.09	4.91	4.72	4.53	4.43	4.33	4.23	4.12	4.01	3.90
12	11.4	8.19	6.93	6.23	5.79	5.48	5.25	5.08	4.94	4.82	4.64	4.46	4.27	4.17	4.07	3.97	3.87	3.76	3.65
13	11.1	7.92	6.68	6.00	5.56	5.26	5.03	4.86	4.72	4.60	4.43	4.25	4.06	3.96	3.86	3.76	3.66	3.55	3.44
14	10.8	7.70	6.48	5.80	5.37	5.07	4.85	4.67	4.54	4.42	4.25	4.07	3.88	3.79	3.69	3.58	3.48	3.37	3.26
15	10.6	7.51	6.30	5.64	5.21	4.91	4.69	4.52	4.38	4.27	4.10	3.92	3.73	3.64	3.54	3.44	3.33	3.22	3.11
16	10.4	7.35	6.16	5.50	5.07	4.78	4.56	4.39	4.25	4.14	3.97	3.79	3.61	3.51	3.41	3.31	3.21	3.10	2.98
17	10.2	7.21	6.03	5.37	4.96	4.66	4.44	4.28	4.14	4.03	3.86	3.68	3.50	3.40	3.30	3.20	3.10	2.99	2.87
18	10.1	7.09	5.92	5.27	4.85	4.56	4.34	4.18	4.04	3.93	3.76	3.59	3.40	3.31	3.21	3.11	3.00	2.89	2.78
19	9.94	6.99	5.82	5.17	4.76	4.47	4.26	4.09	3.96	3.85	3.68	3.50	3.32	3.22	3.12	3.02	2.92	2.81	2.69
20	9.83	6.89	5.73	5.09	4.68	4.39	4.18	4.01	3.88	3.77	3.60	3.43	3.24	3.15	3.05	2.95	2.84	2.73	2.61
21	9.73	6.81	5.65	5.02	4.61	4.32	4.11	3.94	3.81	3.70	3.54	3.36	3.18	3.08	2.98	2.88	2.77	2.66	2.55
22	9.63	6.73	5.58	4.95	4.54	4.26	4.05	3.88	3.75	3.64	3.47	3.30	3.12	3.02	2.92	2.82	2.71	2.60	2.48
23	9.55	6.66	5.52	4.89	4.49	4.20	3.99	3.83	3.69	3.59	3.42	3.25	3.06	2.97	2.87	2.77	2.66	2.55	2.43
24	9.48	6.60	5.46	4.84	4.43	4.15	3.94	3.78	3.64	3.54	3.37	3.20	3.01	2.92	2.82	2.72	2.61	2.50	2.38
25	9.41	6.54	5.41	4.79	4.38	4.10	3.89	3.73	3.60	3.49	3.33	3.15	2.97	2.87	2.77	2.67	2.56	2.45	2.33
26	9.34	6.49	5.36	4.74	4.34	4.06	3.85	3.69	3.56	3.45	3.28	3.11	2.93	2.83	2.73	2.63	2.52	2.41	2.29
27	9.28	6.44	5.32	4.70	4.30	4.02	3.81	3.65	3.52	3.41	3.25	3.07	2.89	2.79	2.69	2.59	2.48	2.37	2.25
28	9.23	6.40	5.28	4.66	4.26	3.98	3.77	3.61	3.48	3.38	3.21	3.04	2.86	2.76	2.66	2.56	2.45	2.33	2.21
29	9.18	6.35	5.24	4.62	4.23	3.95	3.74	3.58	3.45	3.34	3.18	3.01	2.82	2.73	2.63	2.52	2.42	2.30	2.18
30	8.83	6.07	4.98	4.37	3.99	3.71	3.51	3.35	3.22	3.12	2.95	2.78	2.60	2.50	2.40	2.30	2.18	2.06	1.93
40	8.49	5.79	4.73	4.14	3.76	3.49	3.29	3.13	3.01	2.90	2.74	2.57	2.39	2.29	2.19	2.08	1.96	1.83	1.69
60	8.18	5.54	4.50	3.92	3.55	3.28	3.09	2.93	2.81	2.71	2.54	2.37	2.19	2.09	1.98	1.87	1.75	1.61	1.43
120	7.88	5.30	4.28	3.72	3.35	3.09	2.90	2.74	2.62	2.52	2.36	2.19	2.00	1.90	1.79	1.67	1.53	1.36	1.00
∞	1	2	3	4	5	6	7	8	9	10	12	15	20	24	30	40	60	120	∞

例 1. 自由度 (5, 10) の F 分布の上側 0.5% の点は 6.87 である。　例 2. 自由度 (5, 10) の F 分布の下側 0.5% の点は 1/13.6 である。

付表 3 F 表 (5%, 1%)

$$F(\phi_1, \phi_2; P) \qquad P = \begin{cases} 0.05 \cdots \text{細字} \\ 0.01 \cdots \textbf{太字} \end{cases} \qquad P = \int_F^\infty \frac{\phi_1^{\frac{\phi_1}{2}} \phi_2^{\frac{\phi_2}{2}} X^{\frac{\phi_1}{2}-1}}{B\left(\frac{\phi_1}{2}, \frac{\phi_2}{2}\right)(\phi_1 X + \phi_2)^{\frac{\phi_1+\phi_2}{2}}} dX$$

(分子の自由度 ϕ_1, 分母の自由度 ϕ_2 から, 上側確率 5%および 1%に対する F の値を求める表)（細字は 5%, **太字は 1%**）

$\phi_2 \backslash \phi_1$	1	2	3	4	5	6	7	8	9	10	12	15	20	24	30	40	60	120	∞
1	161· **4052·**	200· **5000·**	216· **5403·**	225· **5625·**	230· **5764·**	234· **5859·**	237· **5928·**	239· **5981·**	241· **6022·**	242· **6056·**	244· **6106·**	246· **6157·**	248· **6209·**	249· **6235·**	250· **6261·**	251· **6287·**	252· **6313·**	253· **6339·**	254· **6366·**
2	18·5 **98·5**	19·0 **99·0**	19·2 **99·2**	19·2 **99·2**	19·3 **99·3**	19·3 **99·3**	19·4 **99·4**	19·4 **99·4**	19·4 **99·4**	19·4 **99·4**	19·4 **99·4**	19·4 **99·4**	19·4 **99·4**	19·4 **99·5**	19·5 **99·5**	19·5 **99·5**	19·5 **99·5**	19·5 **99·5**	19·5 **99·5**
3	10·1 **34·1**	9·55 **30·8**	9·28 **29·5**	9·12 **28·7**	9·01 **28·2**	8·94 **27·9**	8·89 **27·7**	8·85 **27·5**	8·81 **27·3**	8·79 **27·2**	8·74 **27·1**	8·70 **26·9**	8·66 **26·7**	8·64 **26·6**	8·62 **26·5**	8·59 **26·4**	8·57 **26·3**	8·55 **26·2**	8·53 **26·1**
4	7·71 **21·2**	6·94 **18·0**	6·59 **16·7**	6·39 **15·98**	6·26 **15·5**	6·16 **15·2**	6·09 **15·0**	6·04 **14·8**	6·00 **14·7**	5·96 **14·5**	5·91 **14·4**	5·86 **14·2**	5·80 **14·0**	5·77 **13·9**	5·75 **13·8**	5·72 **13·7**	5·69 **13·7**	5·66 **13·6**	5·63 **13·5**
5	6·61 **16·3**	5·79 **13·3**	5·41 **12·1**	5·19 **11·4**	5·05 **11·0**	4·95 **10·7**	4·88 **10·5**	4·82 **10·3**	4·77 **10·2**	4·74 **10·1**	4·68 **9·89**	4·62 **9·72**	4·56 **9·55**	4·53 **9·47**	4·50 **9·38**	4·46 **9·29**	4·43 **9·20**	4·40 **9·11**	4·36 **9·02**
6	5·99 **13·7**	5·14 **10·9**	4·76 **9·78**	4·53 **9·15**	4·39 **8·75**	4·28 **8·47**	4·21 **8·26**	4·15 **8·10**	4·10 **7·98**	4·06 **7·87**	4·00 **7·72**	3·94 **7·56**	3·87 **7·40**	3·84 **7·31**	3·81 **7·23**	3·77 **7·14**	3·74 **7·06**	3·70 **6·97**	3·67 **6·88**
7	5·59 **12·2**	4·74 **9·55**	4·35 **8·45**	4·12 **7·85**	3·97 **7·46**	3·87 **7·19**	3·79 **6·99**	3·73 **6·84**	3·68 **6·72**	3·64 **6·62**	3·57 **6·47**	3·51 **6·31**	3·44 **6·16**	3·41 **6·07**	3·38 **5·99**	3·34 **5·91**	3·30 **5·82**	3·27 **5·74**	3·23 **5·65**
8	5·32 **11·3**	4·46 **8·65**	4·07 **7·59**	3·84 **7·01**	3·69 **6·63**	3·58 **6·37**	3·50 **6·18**	3·44 **6·03**	3·39 **5·91**	3·35 **5·81**	3·28 **5·67**	3·22 **5·52**	3·15 **5·36**	3·12 **5·28**	3·08 **5·20**	3·04 **5·12**	3·01 **5·03**	2·97 **4·95**	2·93 **4·86**
9	5·12 **10·6**	4·26 **8·02**	3·86 **6·99**	3·63 **6·42**	3·48 **6·06**	3·37 **5·80**	3·29 **5·61**	3·23 **5·47**	3·18 **5·35**	3·14 **5·26**	3·07 **5·11**	3·01 **4·96**	2·94 **4·81**	2·90 **4·73**	2·86 **4·65**	2·83 **4·57**	2·79 **4·48**	2·75 **4·40**	2·71 **4·31**
10	4·96 **10·0**	4·10 **7·56**	3·71 **6·55**	3·48 **5·99**	3·33 **5·64**	3·22 **5·39**	3·14 **5·20**	3·07 **5·06**	3·02 **4·94**	2·98 **4·85**	2·91 **4·71**	2·85 **4·56**	2·77 **4·41**	2·74 **4·33**	2·70 **4·25**	2·66 **4·17**	2·62 **4·08**	2·58 **4·00**	2·54 **3·91**
11	4·84 **9·65**	3·98 **7·21**	3·59 **6·22**	3·36 **5·67**	3·20 **5·32**	3·09 **5·07**	3·01 **4·89**	2·95 **4·74**	2·90 **4·63**	2·85 **4·54**	2·79 **4·40**	2·72 **4·25**	2·65 **4·10**	2·61 **4·02**	2·57 **3·94**	2·53 **3·86**	2·49 **3·78**	2·45 **3·69**	2·40 **3·60**
12	4·75 **9·33**	3·89 **6·93**	3·49 **5·95**	3·26 **5·41**	3·11 **5·06**	3·00 **4·82**	2·91 **4·64**	2·85 **4·50**	2·80 **4·39**	2·75 **4·30**	2·69 **4·16**	2·62 **4·01**	2·54 **3·86**	2·51 **3·78**	2·47 **3·70**	2·43 **3·62**	2·38 **3·54**	2·34 **3·45**	2·30 **3·36**
13	4·67 **9·07**	3·81 **6·70**	3·41 **5·74**	3·18 **5·21**	3·03 **4·86**	2·92 **4·62**	2·83 **4·44**	2·77 **4·30**	2·71 **4·19**	2·67 **4·10**	2·60 **3·96**	2·53 **3·82**	2·46 **3·66**	2·42 **3·59**	2·38 **3·51**	2·34 **3·43**	2·30 **3·34**	2·25 **3·25**	2·21 **3·17**
14	4·60 **8·86**	3·74 **6·51**	3·34 **5·56**	3·11 **5·04**	2·96 **4·69**	2·85 **4·46**	2·76 **4·28**	2·70 **4·14**	2·65 **4·03**	2·60 **3·94**	2·53 **3·80**	2·46 **3·66**	2·39 **3·51**	2·35 **3·43**	2·31 **3·35**	2·27 **3·27**	2·22 **3·18**	2·18 **3·09**	2·13 **3·00**
15	4·54 **8·68**	3·68 **6·36**	3·29 **5·42**	3·06 **4·89**	2·90 **4·56**	2·79 **4·32**	2·71 **4·14**	2·64 **4·00**	2·59 **3·89**	2·54 **3·80**	2·48 **3·67**	2·40 **3·52**	2·33 **3·37**	2·29 **3·29**	2·25 **3·21**	2·20 **3·13**	2·16 **3·05**	2·11 **2·96**	2·07 **2·87**

付 表

ϕ_1 \ ϕ_2	1	2	3	4	5	6	7	8	9	10	12	15	20	24	30	40	60	120	∞	ϕ_2
16	4·49 8·53	3·63 6·23	3·24 5·29	3·01 4·77	2·85 4·44	2·74 4·20	2·66 4·03	2·59 3·89	2·54 3·78	2·49 3·69	2·42 3·55	2·35 3·41	2·28 3·26	2·24 3·18	2·19 3·10	2·15 3·02	2·11 2·93	2·06 2·84	2·01 2·75	16
17	4·45 8·40	3·59 6·11	3·20 5·18	2·96 4·67	2·81 4·34	2·70 4·10	2·61 3·93	2·55 3·79	2·49 3·68	2·45 3·59	2·38 3·46	2·31 3·31	2·23 3·16	2·19 3·08	2·15 3·00	2·10 2·92	2·06 2·83	2·01 2·75	1·96 2·65	17
18	4·41 8·29	3·55 6·01	3·16 5·09	2·93 4·58	2·77 4·25	2·66 4·01	2·58 3·84	2·51 3·71	2·46 3·60	2·41 3·51	2·34 3·37	2·27 3·23	2·19 3·08	2·15 3·00	2·11 2·92	2·06 2·84	2·02 2·75	1·97 2·66	1·92 2·57	18
19	4·38 8·18	3·52 5·93	3·13 5·01	2·90 4·50	2·74 4·17	2·63 3·94	2·54 3·77	2·48 3·63	2·42 3·52	2·38 3·43	2·31 3·30	2·23 3·15	2·16 3·00	2·11 2·92	2·07 2·84	2·03 2·76	1·98 2·67	1·93 2·58	1·88 2·49	19
20	4·35 8·10	3·49 5·85	3·10 4·94	2·87 4·43	2·71 4·10	2·60 3·87	2·51 3·70	2·45 3·56	2·39 3·46	2·35 3·37	2·28 3·23	2·20 3·09	2·12 2·94	2·08 2·86	2·04 2·78	1·99 2·69	1·95 2·61	1·90 2·52	1·84 2·42	20
21	4·32 8·02	3·47 5·78	3·07 4·87	2·84 4·37	2·68 4·04	2·57 3·81	2·49 3·64	2·42 3·51	2·37 3·40	2·32 3·31	2·25 3·17	2·18 3·03	2·10 2·88	2·05 2·80	2·01 2·72	1·96 2·64	1·92 2·55	1·87 2·46	1·81 2·36	21
22	4·30 7·95	3·44 5·72	3·05 4·82	2·82 4·31	2·66 3·99	2·55 3·76	2·46 3·59	2·40 3·45	2·34 3·35	2·30 3·26	2·23 3·12	2·15 2·98	2·07 2·83	2·03 2·75	1·98 2·67	1·94 2·58	1·89 2·50	1·84 2·40	1·78 2·31	22
23	4·28 7·88	3·42 5·66	3·03 4·76	2·80 4·26	2·64 3·94	2·53 3·71	2·44 3·54	2·37 3·41	2·32 3·30	2·27 3·21	2·20 3·07	2·13 2·93	2·05 2·78	2·01 2·70	1·96 2·62	1·91 2·54	1·86 2·45	1·81 2·35	1·76 2·26	23
24	4·26 7·82	3·40 5·61	3·01 4·72	2·78 4·22	2·62 3·90	2·51 3·67	2·42 3·50	2·36 3·36	2·30 3·26	2·25 3·17	2·18 3·03	2·11 2·89	2·03 2·74	1·98 2·66	1·94 2·58	1·89 2·49	1·84 2·40	1·79 2·31	1·73 2·21	24
25	4·24 7·77	3·39 5·57	2·99 4·68	2·76 4·18	2·60 3·85	2·49 3·63	2·40 3·46	2·34 3·32	2·28 3·22	2·24 3·13	2·16 2·99	2·09 2·85	2·01 2·70	1·96 2·62	1·92 2·54	1·87 2·45	1·82 2·36	1·77 2·27	1·71 2·17	25
26	4·23 7·72	3·37 5·53	2·98 4·64	2·74 4·14	2·59 3·82	2·47 3·59	2·39 3·42	2·32 3·29	2·27 3·18	2·22 3·09	2·15 2·96	2·07 2·81	1·99 2·66	1·95 2·58	1·90 2·50	1·85 2·42	1·80 2·33	1·75 2·23	1·69 2·13	26
27	4·21 7·68	3·35 5·49	2·96 4·60	2·73 4·11	2·57 3·78	2·46 3·56	2·37 3·39	2·31 3·26	2·25 3·15	2·20 3·06	2·13 2·93	2·06 2·78	1·97 2·63	1·93 2·55	1·88 2·47	1·84 2·38	1·79 2·29	1·73 2·20	1·67 2·10	27
28	4·20 7·64	3·34 5·45	2·95 4·57	2·71 4·07	2·56 3·75	2·45 3·53	2·36 3·36	2·29 3·23	2·24 3·12	2·19 3·03	2·12 2·90	2·04 2·75	1·96 2·60	1·91 2·52	1·87 2·44	1·82 2·35	1·77 2·26	1·71 2·17	1·65 2·06	28
29	4·18 7·60	3·33 5·42	2·93 4·54	2·70 4·04	2·55 3·73	2·43 3·50	2·35 3·33	2·28 3·20	2·22 3·09	2·18 3·00	2·10 2·87	2·03 2·73	1·94 2·57	1·90 2·49	1·85 2·41	1·81 2·33	1·75 2·23	1·70 2·14	1·64 2·03	29
30	4·17 7·56	3·32 5·39	2·92 4·51	2·69 4·02	2·53 3·70	2·42 3·47	2·33 3·30	2·27 3·17	2·21 3·07	2·16 2·98	2·09 2·84	2·01 2·70	1·93 2·55	1·89 2·47	1·84 2·39	1·79 2·30	1·74 2·21	1·68 2·11	1·62 2·01	30
40	4·08 7·31	3·23 5·18	2·84 4·31	2·61 3·83	2·45 3·51	2·34 3·29	2·25 3·12	2·18 2·99	2·12 2·89	2·08 2·80	2·00 2·66	1·92 2·52	1·84 2·37	1·79 2·29	1·74 2·20	1·69 2·11	1·64 2·02	1·58 1·92	1·51 1·80	40
60	4·00 7·08	3·15 4·98	2·76 4·13	2·53 3·65	2·37 3·34	2·25 3·12	2·17 2·95	2·10 2·82	2·04 2·72	1·99 2·63	1·92 2·50	1·84 2·35	1·75 2·20	1·70 2·12	1·65 2·03	1·59 1·94	1·53 1·84	1·47 1·73	1·39 1·60	60
120	3·92 6·85	3·07 4·79	2·68 3·95	2·45 3·48	2·29 3·17	2·18 2·96	2·09 2·79	2·02 2·66	1·96 2·56	1·91 2·47	1·83 2·34	1·75 2·19	1·66 2·03	1·61 1·95	1·55 1·86	1·50 1·76	1·43 1·66	1·35 1·53	1·25 1·38	120
∞	3·84 6·63	3·00 4·61	2·60 3·78	2·37 3·32	2·21 3·02	2·10 2·80	2·01 2·64	1·94 2·51	1·88 2·41	1·83 2·32	1·75 2·18	1·67 2·04	1·57 1·88	1·52 1·79	1·46 1·70	1·39 1·59	1·32 1·47	1·22 1·32	1·00 1·00	∞
ϕ_2 \ ϕ_1	1	2	3	4	5	6	7	8	9	10	12	15	20	24	30	40	60	120	∞	

例 1. 自由度 $\phi_1=5$, $\phi_2=10$ の F 分布の(上側)5%の点は 3·33, 1%の点は 5·64 である。

例 2. 自由度 (5, 10) の F 分布の下側 5%の点を求めるには $\phi_1=10$, $\phi_2=5$ に対して表を読んで 4·74 を得,その逆数をとって 1/4·74 とする。

注 自由度の大きいところでの補間は $120/\phi$ を用いる1次補間による。

付表4 F 表 (2.5%)

$F(\phi_1, \phi_2; 0.025)$

(分子の自由度 ϕ_1, 分母の自由度 ϕ_2 の F分布の上側 2.5% の点を求める表)

ϕ_1 \ ϕ_2	1	2	3	4	5	6	7	8	9	10	12	15	20	24	30	40	60	120	∞	ϕ_2
1	648·	800·	864·	900·	922·	937·	948·	957·	963·	969·	977·	985·	993·	997·	1001·	1006·	1010·	1014·	1018·	1
2	38.5	39.0	39.2	39.2	39.3	39.3	39.3	39.4	39.4	39.4	39.4	39.4	39.4	39.5	39.5	39.5	39.5	39.5	39.5	2
3	17.4	16.0	15.4	15.1	14.9	14.7	14.6	14.5	14.5	14.4	14.3	14.3	14.2	14.1	14.1	14.0	14.0	13.9	13.9	3
4	12.2	10.6	9.98	9.60	9.36	9.20	9.07	8.98	8.90	8.84	8.75	8.66	8.56	8.51	8.46	8.41	8.36	8.31	8.26	4
5	10.0	8.43	7.76	7.39	7.15	6.98	6.85	6.76	6.68	6.62	6.52	6.43	6.33	6.28	6.23	6.18	6.12	6.07	6.02	5
6	8.81	7.26	6.60	6.23	5.99	5.82	5.70	5.60	5.52	5.46	5.37	5.27	5.17	5.12	5.07	5.01	4.96	4.90	4.85	6
7	8.07	6.54	5.89	5.52	5.29	5.12	4.99	4.90	4.82	4.76	4.67	4.57	4.47	4.42	4.36	4.31	4.25	4.20	4.14	7
8	7.57	6.06	5.42	5.05	4.82	4.65	4.53	4.43	4.36	4.30	4.20	4.10	4.00	3.95	3.89	3.84	3.78	3.73	3.67	8
9	7.21	5.71	5.08	4.72	4.48	4.32	4.20	4.10	4.03	3.96	3.87	3.77	3.67	3.61	3.56	3.51	3.45	3.39	3.33	9
10	6.94	5.46	4.83	4.47	4.24	4.07	3.95	3.85	3.78	3.72	3.62	3.52	3.42	3.37	3.31	3.26	3.20	3.14	3.08	10
11	6.72	5.26	4.63	4.28	4.04	3.88	3.76	3.66	3.59	3.53	3.43	3.33	3.23	3.17	3.12	3.06	3.00	2.94	2.88	11
12	6.55	5.10	4.47	4.12	3.89	3.73	3.61	3.51	3.44	3.37	3.28	3.18	3.07	3.02	2.96	2.91	2.85	2.79	2.72	12
13	6.41	4.97	4.35	4.00	3.77	3.60	3.48	3.39	3.31	3.25	3.15	3.05	2.95	2.89	2.84	2.78	2.72	2.66	2.60	13
14	6.30	4.86	4.24	3.89	3.66	3.50	3.38	3.29	3.21	3.15	3.05	2.95	2.84	2.79	2.73	2.67	2.61	2.55	2.49	14
15	6.20	4.77	4.15	3.80	3.58	3.41	3.29	3.20	3.12	3.06	2.96	2.86	2.76	2.70	2.64	2.59	2.52	2.46	2.40	15
16	6.12	4.69	4.08	3.73	3.50	3.34	3.22	3.12	3.05	2.99	2.89	2.79	2.68	2.63	2.57	2.51	2.45	2.38	2.32	16
17	6.04	4.62	4.01	3.66	3.44	3.28	3.16	3.06	2.98	2.92	2.82	2.72	2.62	2.56	2.50	2.44	2.38	2.32	2.25	17
18	5.98	4.56	3.95	3.61	3.38	3.22	3.10	3.01	2.93	2.87	2.77	2.67	2.56	2.50	2.44	2.38	2.32	2.26	2.19	18
19	5.92	4.51	3.90	3.56	3.33	3.17	3.05	2.96	2.88	2.82	2.72	2.62	2.51	2.45	2.39	2.33	2.27	2.20	2.13	19
20	5.87	4.46	3.86	3.51	3.29	3.13	3.01	2.91	2.84	2.77	2.68	2.57	2.46	2.41	2.35	2.29	2.22	2.16	2.09	20
21	5.83	4.42	3.82	3.48	3.25	3.09	2.97	2.87	2.80	2.73	2.64	2.53	2.42	2.37	2.31	2.25	2.18	2.11	2.04	21
22	5.79	4.38	3.78	3.44	3.22	3.05	2.93	2.84	2.76	2.70	2.60	2.50	2.39	2.33	2.27	2.21	2.14	2.08	2.00	22
23	5.75	4.35	3.75	3.41	3.18	3.02	2.90	2.81	2.73	2.67	2.57	2.47	2.36	2.30	2.24	2.18	2.11	2.04	1.97	23
24	5.72	4.32	3.72	3.38	3.15	2.99	2.87	2.78	2.70	2.64	2.54	2.44	2.33	2.27	2.21	2.15	2.08	2.01	1.94	24
25	5.69	4.29	3.69	3.35	3.13	2.97	2.85	2.75	2.68	2.61	2.51	2.41	2.30	2.24	2.18	2.12	2.05	1.98	1.91	25
26	5.66	4.27	3.67	3.33	3.10	2.94	2.82	2.73	2.65	2.59	2.49	2.39	2.28	2.22	2.16	2.09	2.03	1.95	1.88	26
27	5.63	4.24	3.65	3.31	3.08	2.92	2.80	2.71	2.63	2.57	2.47	2.36	2.25	2.19	2.13	2.07	2.00	1.93	1.85	27
28	5.61	4.22	3.63	3.29	3.06	2.90	2.78	2.69	2.61	2.55	2.45	2.34	2.23	2.17	2.11	2.05	1.98	1.91	1.83	28
29	5.59	4.20	3.61	3.27	3.04	2.88	2.76	2.67	2.59	2.53	2.43	2.32	2.21	2.15	2.09	2.03	1.96	1.89	1.81	29
30	5.57	4.18	3.59	3.25	3.03	2.87	2.75	2.65	2.57	2.51	2.41	2.31	2.20	2.14	2.07	2.01	1.94	1.87	1.79	30
40	5.42	4.05	3.46	3.13	2.90	2.74	2.62	2.53	2.45	2.39	2.29	2.18	2.07	2.01	1.94	1.88	1.80	1.72	1.64	40
60	5.29	3.93	3.34	3.01	2.79	2.63	2.51	2.41	2.33	2.27	2.17	2.06	1.94	1.88	1.82	1.74	1.67	1.58	1.48	60
120	5.15	3.80	3.23	2.89	2.67	2.52	2.39	2.30	2.22	2.16	2.05	1.94	1.82	1.76	1.69	1.61	1.53	1.43	1.31	120
∞	5.02	3.69	3.12	2.79	2.57	2.41	2.29	2.19	2.11	2.05	1.94	1.83	1.71	1.64	1.57	1.48	1.39	1.27	1.00	∞
ϕ_2 \ ϕ_1	1	2	3	4	5	6	7	8	9	10	12	15	20	24	30	40	60	120	∞	ϕ_1

例1. 自由度 (5, 10) の F 分布の上側 2.5% の点は 4.24 である. **例2.** 自由度 (5, 10) の F 分布の下側 2.5% の点は 1/6.62 である.

付表 5　F　表 (10%)

$F(\phi_1, \phi_2; 0.10)$

(分子の自由度 ϕ_1, 分母の自由度 ϕ_2 の F 分布の上側 10% の点を求める表)

ϕ_1 \ ϕ_2	1	2	3	4	5	6	7	8	9	10	12	15	20	24	30	40	60	120	∞	ϕ_2
1	39.9	49.5	53.6	55.8	57.2	58.2	58.9	59.4	59.9	60.2	60.7	61.2	61.7	62.0	62.3	62.5	62.8	63.1	63.3	1
2	8.53	9.00	9.16	9.24	9.29	9.33	9.35	9.37	9.38	9.39	9.41	9.42	9.44	9.45	9.46	9.47	9.47	9.48	9.49	2
3	5.54	5.46	5.39	5.34	5.31	5.28	5.27	5.25	5.24	5.23	5.22	5.20	5.18	5.18	5.17	5.16	5.15	5.14	5.13	3
4	4.54	4.32	4.19	4.11	4.05	4.01	3.98	3.95	3.94	3.92	3.90	3.87	3.84	3.83	3.82	3.80	3.79	3.78	3.76	4
5	4.06	3.78	3.62	3.52	3.45	3.40	3.37	3.34	3.32	3.30	3.27	3.24	3.21	3.19	3.17	3.16	3.14	3.12	3.10	5
6	3.78	3.46	3.29	3.18	3.11	3.05	3.01	2.98	2.96	2.94	2.90	2.87	2.84	2.82	2.80	2.78	2.76	2.74	2.72	6
7	3.59	3.26	3.07	2.96	2.88	2.83	2.78	2.75	2.72	2.70	2.67	2.63	2.59	2.58	2.56	2.54	2.51	2.49	2.47	7
8	3.46	3.11	2.92	2.81	2.73	2.67	2.62	2.59	2.56	2.54	2.50	2.46	2.42	2.40	2.38	2.36	2.34	2.32	2.29	8
9	3.36	3.01	2.81	2.69	2.61	2.55	2.51	2.47	2.44	2.42	2.38	2.34	2.30	2.28	2.25	2.23	2.21	2.18	2.16	9
10	3.29	2.92	2.73	2.61	2.52	2.46	2.41	2.38	2.35	2.32	2.28	2.24	2.20	2.18	2.16	2.13	2.11	2.08	2.06	10
11	3.23	2.86	2.66	2.54	2.45	2.39	2.34	2.30	2.27	2.25	2.21	2.17	2.12	2.10	2.08	2.05	2.03	2.00	1.97	11
12	3.18	2.81	2.61	2.48	2.39	2.33	2.28	2.24	2.21	2.19	2.15	2.10	2.06	2.04	2.01	1.99	1.96	1.93	1.90	12
13	3.14	2.76	2.56	2.43	2.35	2.28	2.23	2.20	2.16	2.14	2.10	2.05	2.01	1.98	1.96	1.93	1.90	1.88	1.85	13
14	3.10	2.73	2.52	2.39	2.31	2.24	2.19	2.15	2.12	2.10	2.05	2.01	1.96	1.94	1.91	1.89	1.86	1.83	1.80	14
15	3.07	2.70	2.49	2.36	2.27	2.21	2.16	2.12	2.09	2.06	2.02	1.97	1.92	1.90	1.87	1.85	1.82	1.79	1.76	15
16	3.05	2.67	2.46	2.33	2.24	2.18	2.13	2.09	2.06	2.03	1.99	1.94	1.89	1.87	1.84	1.81	1.78	1.75	1.72	16
17	3.03	2.64	2.44	2.31	2.22	2.15	2.10	2.06	2.03	2.00	1.96	1.91	1.86	1.84	1.81	1.78	1.75	1.72	1.69	17
18	3.01	2.62	2.42	2.29	2.20	2.13	2.08	2.04	2.00	1.98	1.93	1.89	1.84	1.81	1.78	1.75	1.72	1.69	1.66	18
19	2.99	2.61	2.40	2.27	2.18	2.11	2.06	2.02	1.98	1.96	1.91	1.86	1.81	1.79	1.76	1.73	1.70	1.67	1.63	19
20	2.97	2.59	2.38	2.25	2.16	2.09	2.04	2.00	1.96	1.94	1.89	1.84	1.79	1.77	1.74	1.71	1.68	1.64	1.61	20
21	2.96	2.57	2.36	2.23	2.14	2.08	2.02	1.98	1.95	1.92	1.87	1.83	1.78	1.75	1.72	1.69	1.66	1.62	1.59	21
22	2.95	2.56	2.35	2.22	2.13	2.06	2.01	1.97	1.93	1.90	1.86	1.81	1.76	1.73	1.70	1.67	1.64	1.60	1.57	22
23	2.94	2.55	2.34	2.21	2.11	2.05	1.99	1.95	1.92	1.89	1.84	1.80	1.74	1.72	1.69	1.66	1.62	1.59	1.55	23
24	2.93	2.54	2.33	2.19	2.10	2.04	1.98	1.94	1.91	1.88	1.83	1.78	1.73	1.70	1.67	1.64	1.61	1.57	1.53	24
25	2.92	2.53	2.32	2.18	2.09	2.02	1.97	1.93	1.89	1.87	1.82	1.77	1.72	1.69	1.66	1.63	1.59	1.56	1.52	25
26	2.91	2.52	2.31	2.17	2.08	2.01	1.96	1.92	1.88	1.86	1.81	1.76	1.71	1.68	1.65	1.61	1.58	1.54	1.50	26
27	2.90	2.51	2.30	2.17	2.07	2.00	1.95	1.91	1.87	1.85	1.80	1.75	1.70	1.67	1.64	1.60	1.57	1.53	1.49	27
28	2.89	2.50	2.29	2.16	2.06	2.00	1.94	1.90	1.87	1.84	1.79	1.74	1.69	1.66	1.63	1.59	1.56	1.52	1.48	28
29	2.89	2.50	2.28	2.15	2.06	1.99	1.93	1.89	1.86	1.83	1.78	1.73	1.68	1.65	1.62	1.58	1.55	1.51	1.47	29
30	2.88	2.49	2.28	2.14	2.05	1.98	1.93	1.88	1.85	1.82	1.77	1.72	1.67	1.64	1.61	1.57	1.54	1.50	1.46	30
40	2.84	2.44	2.23	2.09	2.00	1.93	1.87	1.83	1.79	1.76	1.71	1.66	1.61	1.57	1.54	1.51	1.47	1.42	1.38	40
60	2.79	2.39	2.18	2.04	1.95	1.87	1.82	1.77	1.74	1.71	1.66	1.60	1.54	1.51	1.48	1.44	1.40	1.35	1.29	60
120	2.75	2.35	2.13	1.99	1.90	1.82	1.77	1.72	1.68	1.65	1.60	1.55	1.48	1.45	1.41	1.37	1.32	1.26	1.19	120
∞	2.71	2.30	2.08	1.94	1.85	1.77	1.72	1.67	1.63	1.60	1.55	1.49	1.42	1.38	1.34	1.30	1.24	1.17	1.00	∞
ϕ_2 \ ϕ_1	1	2	3	4	5	6	7	8	9	10	12	15	20	24	30	40	60	120	∞	

例 1. 自由度 (5, 10) の F 分布の上側 10% の点は 2.52 である。　**例 2.** 自由度 (5, 10) の F 分布の下側 10% の点は 1/3.30 である。

付表 6 F 表 (25%)

$F(\phi_1, \phi_2; 0.25)$

(分子の自由度 ϕ_1, 分母の自由度 ϕ_2 の F 分布の上側 25% の点を求める表)

ϕ_2 \ ϕ_1	1	2	3	4	5	6	7	8	9	10	12	15	20	24	30	40	60	120	∞
1	5.83	7.50	8.20	8.58	8.82	8.98	9.10	9.19	9.26	9.32	9.41	9.49	9.58	9.63	9.67	9.71	9.76	9.80	9.85
2	2.57	3.00	3.15	3.23	3.28	3.31	3.34	3.35	3.37	3.38	3.39	3.41	3.43	3.43	3.44	3.45	3.46	3.47	3.48
3	2.02	2.28	2.36	2.39	2.41	2.42	2.43	2.44	2.44	2.44	2.45	2.46	2.46	2.46	2.47	2.47	2.47	2.47	2.47
4	1.81	2.00	2.05	2.06	2.07	2.08	2.08	2.08	2.08	2.08	2.08	2.08	2.08	2.08	2.08	2.08	2.08	2.08	2.08
5	1.69	1.85	1.88	1.89	1.89	1.89	1.89	1.89	1.89	1.89	1.89	1.89	1.88	1.88	1.88	1.88	1.87	1.87	1.87
6	1.62	1.76	1.78	1.79	1.79	1.78	1.78	1.78	1.77	1.77	1.77	1.76	1.76	1.75	1.75	1.75	1.74	1.74	1.74
7	1.57	1.70	1.72	1.72	1.71	1.71	1.70	1.70	1.69	1.69	1.68	1.68	1.67	1.67	1.66	1.66	1.65	1.65	1.65
8	1.54	1.66	1.67	1.66	1.66	1.65	1.64	1.64	1.63	1.63	1.62	1.62	1.61	1.60	1.60	1.59	1.59	1.58	1.58
9	1.51	1.62	1.63	1.63	1.62	1.61	1.60	1.60	1.59	1.59	1.58	1.57	1.56	1.56	1.55	1.54	1.54	1.53	1.53
10	1.49	1.60	1.60	1.59	1.59	1.58	1.57	1.56	1.56	1.55	1.54	1.53	1.52	1.52	1.51	1.51	1.50	1.49	1.48
11	1.47	1.58	1.58	1.57	1.56	1.55	1.54	1.53	1.53	1.52	1.51	1.50	1.49	1.49	1.48	1.47	1.47	1.46	1.45
12	1.46	1.56	1.56	1.55	1.54	1.53	1.52	1.51	1.51	1.50	1.49	1.48	1.47	1.46	1.45	1.45	1.44	1.43	1.42
13	1.45	1.55	1.55	1.53	1.52	1.51	1.50	1.49	1.49	1.48	1.47	1.46	1.45	1.44	1.43	1.42	1.42	1.41	1.40
14	1.44	1.53	1.53	1.52	1.51	1.50	1.49	1.48	1.47	1.46	1.45	1.44	1.43	1.42	1.41	1.41	1.40	1.39	1.38
15	1.43	1.52	1.52	1.51	1.49	1.48	1.47	1.46	1.46	1.45	1.44	1.43	1.41	1.41	1.40	1.39	1.38	1.37	1.36
16	1.42	1.51	1.51	1.50	1.48	1.47	1.46	1.45	1.44	1.44	1.43	1.41	1.40	1.39	1.38	1.37	1.36	1.35	1.34
17	1.42	1.51	1.50	1.49	1.47	1.46	1.45	1.44	1.43	1.43	1.41	1.40	1.39	1.38	1.37	1.36	1.35	1.34	1.33
18	1.41	1.50	1.49	1.48	1.46	1.45	1.44	1.43	1.42	1.42	1.40	1.39	1.38	1.37	1.36	1.35	1.34	1.33	1.32
19	1.41	1.49	1.49	1.47	1.46	1.44	1.43	1.42	1.41	1.41	1.40	1.38	1.37	1.36	1.35	1.34	1.33	1.32	1.30
20	1.40	1.49	1.48	1.47	1.45	1.44	1.43	1.42	1.41	1.40	1.39	1.37	1.36	1.35	1.34	1.33	1.32	1.31	1.29
21	1.40	1.48	1.48	1.46	1.44	1.43	1.42	1.41	1.40	1.39	1.38	1.37	1.35	1.34	1.33	1.32	1.31	1.30	1.28
22	1.40	1.48	1.47	1.45	1.44	1.42	1.41	1.40	1.39	1.39	1.37	1.36	1.34	1.33	1.32	1.31	1.30	1.29	1.28
23	1.39	1.47	1.47	1.45	1.43	1.42	1.41	1.40	1.39	1.38	1.37	1.35	1.34	1.33	1.32	1.31	1.30	1.28	1.27
24	1.39	1.47	1.46	1.44	1.43	1.41	1.40	1.39	1.38	1.38	1.36	1.35	1.33	1.32	1.31	1.30	1.29	1.28	1.26
25	1.39	1.47	1.46	1.44	1.42	1.41	1.40	1.39	1.38	1.37	1.36	1.34	1.33	1.32	1.31	1.29	1.28	1.27	1.25
26	1.38	1.46	1.45	1.44	1.42	1.41	1.39	1.38	1.37	1.37	1.35	1.34	1.32	1.31	1.30	1.29	1.28	1.26	1.25
27	1.38	1.46	1.45	1.43	1.42	1.40	1.39	1.38	1.37	1.36	1.35	1.33	1.32	1.31	1.30	1.28	1.27	1.26	1.24
28	1.38	1.46	1.45	1.43	1.41	1.40	1.39	1.38	1.37	1.36	1.34	1.33	1.31	1.30	1.29	1.28	1.27	1.25	1.24
29	1.38	1.45	1.45	1.43	1.41	1.40	1.38	1.37	1.36	1.35	1.34	1.32	1.31	1.30	1.29	1.27	1.26	1.25	1.23
30	1.38	1.45	1.44	1.42	1.41	1.39	1.38	1.37	1.36	1.35	1.34	1.32	1.30	1.29	1.28	1.27	1.26	1.24	1.23
40	1.36	1.44	1.42	1.40	1.39	1.37	1.36	1.35	1.34	1.33	1.31	1.30	1.28	1.26	1.25	1.24	1.22	1.21	1.19
60	1.35	1.42	1.41	1.38	1.37	1.35	1.33	1.32	1.31	1.30	1.29	1.27	1.25	1.24	1.22	1.21	1.19	1.17	1.15
120	1.34	1.40	1.39	1.37	1.35	1.33	1.31	1.30	1.29	1.28	1.26	1.24	1.22	1.21	1.19	1.18	1.16	1.13	1.10
∞	1.32	1.39	1.37	1.35	1.33	1.31	1.29	1.28	1.27	1.25	1.24	1.22	1.19	1.18	1.16	1.14	1.12	1.08	1.00

例1. 自由度 (5, 10) の F 分布の上側 25% の点は 1.59 である. 例2. 自由度 (5, 10) の F 分布の下側 25% の点は $1/1.89$ である.

付　　録

付録A　2水準系直交配列表……………………………………… 206
付録B　3水準系直交配列表……………………………………… 209

出　典
　　付録は森口繁一，日科技連数値表委員会(代表：久米均)編：『新編　日科技連数値表―第2版―』(日科技連出版社，2009年)から一部形式を変更して転載した．付録の内容は田口玄一博士により作成されたものである．

付録A 2水準系直交配列表

表 A.1 $L_8(2^7)$

列番 No.	[1]	[2]	[3]	[4]	[5]	[6]	[7]
1	1	1	1	1	1	1	1
2	1	1	1	2	2	2	2
3	1	2	2	1	1	2	2
4	1	2	2	2	2	1	1
5	2	1	2	1	2	1	2
6	2	1	2	2	1	2	1
7	2	2	1	1	2	2	1
8	2	2	1	2	1	1	2
成分	a	a b	b	a c	c	b c	a b c
	1群	2群		3群			

表 A.2 交互作用列を求める表(L_8用)

列\列	[1]	[2]	[3]	[4]	[5]	[6]	[7]
[1]		3	2	5	4	7	6
[2]			1	6	7	4	5
[3]				7	6	5	4
[4]					1	2	3
[5]						3	2
[6]							1

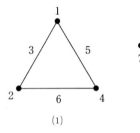

(1)

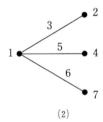

(2)

図 A.1 L_8の線点図

付　録

表 A.3　$L_{16}(2^{15})$

列番 No.	[1]	[2]	[3]	[4]	[5]	[6]	[7]	[8]	[9]	[10]	[11]	[12]	[13]	[14]	[15]
1	1	1	1	1	1	1	1	1	1	1	1	1	1	1	1
2	1	1	1	1	1	1	1	2	2	2	2	2	2	2	2
3	1	1	1	2	2	2	2	1	1	1	1	2	2	2	2
4	1	1	1	2	2	2	2	2	2	2	2	1	1	1	1
5	1	2	2	1	1	2	2	1	1	2	2	1	1	2	2
6	1	2	2	1	1	2	2	2	2	1	1	2	2	1	1
7	1	2	2	2	2	1	1	1	1	2	2	2	2	1	1
8	1	2	2	2	2	1	1	2	2	1	1	1	1	2	2
9	2	1	2	1	2	1	2	1	2	1	2	1	2	1	2
10	2	1	2	1	2	1	2	2	1	2	1	2	1	2	1
11	2	1	2	2	1	2	1	1	2	1	2	2	1	2	1
12	2	1	2	2	1	2	1	2	1	2	1	1	2	1	2
13	2	2	1	1	2	2	1	1	2	2	1	1	2	2	1
14	2	2	1	1	2	2	1	2	1	1	2	2	1	1	2
15	2	2	1	2	1	1	2	1	2	2	1	2	1	1	2
16	2	2	1	2	1	1	2	2	1	1	2	1	2	2	1
成分	a	a		a			a	a			a			a	
		b	b			b	b			b	b			b	b
				c	c	c	c					c	c	c	c
								d	d	d	d	d	d	d	d
	1群	2群		3群				4群							

表 A.4　交互作用列を求める表（L_{16}用）

列＼列	[1]	[2]	[3]	[4]	[5]	[6]	[7]	[8]	[9]	[10]	[11]	[12]	[13]	[14]	[15]
[1]		3	2	5	4	7	6	9	8	11	10	13	12	15	14
[2]			1	6	7	4	5	10	11	8	9	14	15	12	13
[3]				7	6	5	4	11	10	9	8	15	14	13	12
[4]					1	2	3	12	13	14	15	8	9	10	11
[5]						3	2	13	12	15	14	9	8	11	10
[6]							1	14	15	12	13	10	11	8	9
[7]								15	14	13	12	11	10	9	8
[8]									1	2	3	4	5	6	7
[9]										3	2	5	4	7	6
[10]											1	6	7	4	5
[11]												7	6	5	4
[12]													1	2	3
[13]														3	2
[14]															1

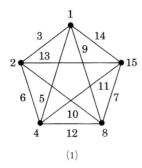

(1)

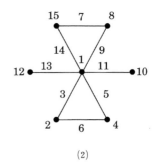

(2)

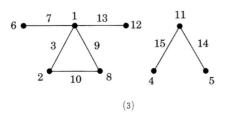

(3)

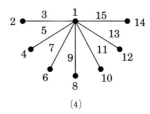

(4)

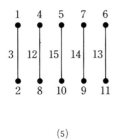

(5)

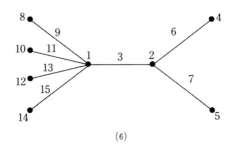

(6)

図 A.2 L_{16} の線点図

付録B 3水準系直交配列表

表 B.1 $L_9(3^4)$

列番 No.	[1]	[2]	[3]	[4]
1	1	1	1	1
2	1	2	2	2
3	1	3	3	3
4	2	1	2	3
5	2	2	3	1
6	2	3	1	2
7	3	1	3	2
8	3	2	1	3
9	3	3	2	1
成分	a	a b	a b	a b^2
	1群	2群		

図 B.1 L_9 の線点図

表 B.2 $L_{27}(3^{13})$

列番 No.	[1]	[2]	[3]	[4]	[5]	[6]	[7]	[8]	[9]	[10]	[11]	[12]	[13]
1	1	1	1	1	1	1	1	1	1	1	1	1	1
2	1	1	1	1	2	2	2	2	2	2	2	2	2
3	1	1	1	1	3	3	3	3	3	3	3	3	3
4	1	2	2	2	1	1	1	2	2	2	3	3	3
5	1	2	2	2	2	2	2	3	3	3	1	1	1
6	1	2	2	2	3	3	3	1	1	1	2	2	2
7	1	3	3	3	1	1	1	3	3	3	2	2	2
8	1	3	3	3	2	2	2	1	1	1	3	3	3
9	1	3	3	3	3	3	3	2	2	2	1	1	1
10	2	1	2	3	1	2	3	1	2	3	1	2	3
11	2	1	2	3	2	3	1	2	3	1	2	3	1
12	2	1	2	3	3	1	2	3	1	2	3	1	2
13	2	2	3	1	1	2	3	2	3	1	3	1	2
14	2	2	3	1	2	3	1	3	1	2	1	2	3
15	2	2	3	1	3	1	2	1	2	3	2	3	1
16	2	3	1	2	1	2	3	3	1	2	2	3	1
17	2	3	1	2	2	3	1	1	2	3	3	1	2
18	2	3	1	2	3	1	2	2	3	1	1	2	3
19	3	1	3	2	1	3	2	1	3	2	1	3	2
20	3	1	3	2	2	1	3	2	1	3	2	1	3
21	3	1	3	2	3	2	1	3	2	1	3	2	1
22	3	2	1	3	1	3	2	2	1	3	3	2	1
23	3	2	1	3	2	1	3	3	2	1	1	3	2
24	3	2	1	3	3	2	1	1	3	2	2	1	3
25	3	3	2	1	1	3	2	3	2	1	2	1	3
26	3	3	2	1	2	1	3	1	3	2	3	2	1
27	3	3	2	1	3	2	1	2	1	3	1	3	2
成分	a	a b	a b	a b^2	a c	a c	a c^2	a b c	a b c	a b c^2	a b^2 c	a b^2 c	a b c^2
	1群	2群			3群								

表 B.3　交互作用列を求める表（L_{27}用）

列＼列	[1]	[2]	[3]	[4]	[5]	[6]	[7]	[8]	[9]	[10]	[11]	[12]	[13]
[1]		3 4	2 4	2 3	6 7	5 7	5 6	9 10	8 10	8 9	12 13	11 13	11 12
[2]			1 4	1 3	8 11	9 12	10 13	5 11	6 12	7 13	5 8	6 9	7 10
[3]				1 2	9 13	10 11	8 12	7 12	5 13	6 11	6 10	7 8	5 9
[4]					10 12	8 13	9 11	6 13	7 11	5 12	7 9	5 10	6 8
[5]						1 7	1 6	2 11	3 13	4 12	2 8	4 10	3 9
[6]							1 5	4 13	2 12	3 11	3 10	2 9	4 8
[7]								3 12	4 11	2 13	4 9	3 8	2 10
[8]									1 10	1 9	2 5	3 7	4 6
[9]										1 8	4 7	2 6	3 5
[10]											3 6	4 5	2 7
[11]												1 13	1 12
[12]													1 11

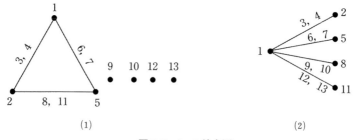

図 B.2　L_{27}の線点図

参 考 文 献

　本書では実験計画法の基礎となる実験および解析法を取り上げ，解説した．実験計画法にはまだまだ多くの実験・解析法がある．また，解析する過程における各種計算の意味や，正しく実験データを得るための注意事項を重視して解析法を解説したため，実験計画法の統計学的な取扱いが薄くなってしまった．

　このような点を埋め，読者にさらなる理解を助ける書籍と，実務をサポートするためのソフトウェアを用いた解説書を推薦図書としてまとめておく．

1）　永田靖(2000)：『入門　実験計画法』，日科技連出版社．
　　直交表を用いた多水準法や擬水準法，分割法，直交表を用いた分割法の解説もあり，統計学の基礎にもとづいた説明がなされている．

2）　山田秀(2004)：『実験計画法―方法編―』，日科技連出版社．
　　1元配置，2元配置において，因子が量的である場合の回帰分析と融合した解析法の説明がある．2水準直交実験における割付けの良さを示すレゾリューション，$L_{16}(2^{15})$ とは基本的な性質が異なるプラット・バーマン計画や混合水準直交表，実験回数より解析する効果の数のほうが多い過飽和計画，CAE(Computer Aided Engineering)におけるコンピュータ実験のための実験計画法など，さまざまな発展的な内容がわずか270頁程度に収められている．

3）　山田秀 編著，葛谷和義，澤田昌志，久保田享 著(2004)：『実験計画法―活用編―』，日科技連出版社．
　　上記2)の姉妹書であり，実験計画法の活用事例が解説されている．実験計画法の書籍は実験の計画(水準の組合せ方)と解析に重点が置かれているが，本書は因子や水準の設定方法まで含んでいる．なお，本書の **5.11 節**「その他の例」の実験背景として同書の第4章を参照した．

4）　森口繁一(1989)：『新編　統計的方法　改訂版』，日本規格協会．
　　1元配置，2元配置，分割実験，2水準直交表実験のほか，統計的品質管理の手法がコンパクトにまとめられている．なお，本書の **2.8 節**「1元配置のその他の例」は，同書 p.143 から例を引用した．

5) 荒木孝治 編著(2010)：『RとRコマンダーではじめる実験計画法』，日科技連出版社．
　1元配置，2元配置，直交表実験，分割実験，乱塊法，枝分れ実験，応答局面法，パラメータ設計などについて，無償の統計解析ソフトウェアRによる解析法が説明されている．

6) 奥原正夫(2013)：『実践に役立つ実験計画法入門』，日科技連出版社．
　1元配置，2元配置，因子が量的である場合の回帰分析と融合，2水準および3水準直交表実験などについて，Microsoft Excelでの解析つきで説明されている．

7) 棟近雅彦 編著，奥原正夫著(2012)：『JUSE-StatWorksによる実験計画法入門[第2版]』，日科技連出版社．
　品質管理向け統計解析ソフトウェアJUSE-StatWorksによる実験計画法が説明されている．

8) Wu, C. F. J. and Michael S. Hamada (2009) : *Experiments : Planning, Analysis, and Optimization, 2nd Edition*, John Wiley & Sons.
　なお，本書の5.10節「要因効果についての経験則」は同書から引用した．

　上記の書籍以外にも，本書の6.7節「その他の例」の実験背景として，Secula, M. S., I. Cretescu, B. Cagnon, L. R. Manea, C. S. Stan and I. G. Breaban (2013) : "Fractional Factorial Design Study on the Performance of GAC-Enhanced Electrocoagulation Process Involved in Color Removal from Dye Solutions," *Materials*, Vol. 6, pp. 2723-2746 を参考にした．

索　引

【英数字】

1元配置　　7, 11
2因子交互作用　　74
2水準直交表　　107
Effect Heredity Principle　　135
Effect Hierarchy Principle　　135
Effect Sparsity Principle　　135
F_0　　26
F分布　　27
i.i.d.　　15
strong heredity　　136
weak heredity　　136

【あ　行】

伊奈の公式　　91
因子　　11, 29
　　──の割付け　　110
枝分れ実験　　177, 179

【か　行】

確率的誤差　　10
偶然誤差　　10
区間推定　　29
繰返し　　11
　　──のない2元配置　　3
系統誤差　　10
効果　　20
　　──がある　　18
　　──がない　　18
交互作用　　72
　　──グラフ　　79

　　──列　　116
高度に有意　　29
交絡　　128
誤差　　15
　　──の仮定　　16
　　──平方和　　29

【さ　行】

最適水準　　29
実験順序　　10
実験の繰返し　　11
実測値　　14
自由度　　26
主効果　　75
真値　　14
信頼区間　　29
信頼率95％信頼区間　　30
水準　　11
推定　　17
　　──値　　17
正規分布　　15
成分　　111
線点図　　127
総平方和　　29
測定の繰返し　　12

【た　行】

単一因子実験　　72
直交配列表　　109
直交表　　109
データの構造式　　18
点推定　　29

213

索　引

特性　31
ドット・ノーテーション　32

【な 行】

日間変動　45
日内変動　46

【は 行】

外れ値　23
必要な線点図　128
プーリング　122
　──の規準　135
ブロック因子　46
分割　12
　──法　12

分散成分　191
分散比　36
分散分析　17
　──表　28
平均平方　26
平方和　25, 29

【や 行】

有意　28
有効反復数　91
用意された線点図　128

【ら 行】

乱塊法　46
ランダム化　10

◆監修者・著者紹介

棟近雅彦（むねちか　まさひこ）［監修者］
　1987年東京大学大学院工学系研究科博士課程修了，工学博士取得．1987年東京大学工学部反応化学科助手，1992年早稲田大学理工学部工業経営学科（現経営システム工学科）専任講師，1993年同助教授を経て，1999年より早稲田大学理工学術院創造理工学部経営システム工学科教授．ISO/TC 176日本代表エキスパート．
　主な研究分野は，TQM，感性品質，医療の質保証，災害医療．主著に『TQM―21世紀の総合「質」経営』（共著，日科技連出版社，1998年），『医療の質用語事典』（共著，日本規格協会，2005年），『マネジメントシステムの審査・評価に携わる人のためのTQMの基本』（共著，日科技連出版社，2006年）など．

安井清一（やすい　せいいち）［著者］
　2006年東京理科大学理工学研究科経営工学専攻博士課程修了，博士（工学）．2006年から東京理科大学理工学部経営工学科助手を経て，現在，助教．日本品質管理学会において，論文誌編集委員会委員，学会誌編集委員会委員，研究開発委員会委員長，理事．ISO/TC 69/SC 6国内委員会委員．
　主な研究分野は，統計的品質管理．主著に『ものづくりに役立つ統計的方法入門』（共著，日科技連出版社，2011年）．

■実践的 SQC（統計的品質管理）入門講座 2

実験計画法

2015 年 8 月 2 日　第 1 刷発行

監修者　棟　近　雅　彦
著　者　安　井　清　一
発行人　田　中　　　健

検印省略

発行所　株式会社 日科技連出版社
〒 151-0051　東京都渋谷区千駄ヶ谷5-15-5
DS ビル
電話　出版　03-5379-1244
　　　営業　03-5379-1238
印刷・製本　東港出版印刷

Printed in Japan

Ⓒ *Seiichi Yasui 2015*
ISBN 978-4-8171-9557-9
URL http://www.juse-p.co.jp/

本書の全部または一部を無断で複写複製（コピー）することは，著作権法上での例外を除き，禁じられています．